卓越系列·21世纪高职高专精品规划教材
国家骨干高等职业院校特色教材

PLC 与检测技术

主　编　王秋敏　刘红艳
副主编　郭　成　冯海伟
　　　　徐瑞霞　张为宾

天津大学出版社
TIANJIN UNIVERSITY PRESS

内 容 简 介

本书为高职高专精品规划教材和国家骨干高等职业院校特色教材,是高等职业院校机电类专业学生的专业基础课教材,采用理论与实践相结合、理论知识由易到难逐级渗透到各个项目的编写方法来安排教学内容,并选用与工业现场相结合的案例作为项目的载体。

本书内容共分为 8 个学习项目,分别为 PLC 入门训练、检测技术应用入门、交通信号灯的控制、按颜色和材质分配特定数目的工件自动分拣系统控制、利用 PLC 和变频器实现皮带的多段速控制、自动售货机的 PLC 控制、步进电动机的 PLC 控制、四层电梯的 PLC 控制。教材以 PLC 理论知识为主线,在其中的四个项目中引入传感器检测技术,将 PLC 与传感器检测技术有机地结合起来。本书的理论知识部分以"必需、够用"为度,同时注重与工程和生活实际相结合。在每个项目中均有理论与实践,将理论融于项目实践中,实现了教学做一体,体现了高职教育以培养技能型人才为目标的特色。

本书可作为高职高专院校机电类专业的基础课教材,同时也可作为对 PLC 与传感器感兴趣的初学者及有关工程技术人员工作的参考资料。

图书在版编目(CIP)数据

PLC 与检测技术/王秋敏,刘红艳主编. —天津:天津大学
出版社,2014.2
(卓越系列)
21 世纪高职高专精品规划教材　国家骨干高等职业院
校特色教材
ISBN 978-7-5618-4986-6

Ⅰ.①P…　Ⅱ.①王…　Ⅲ.①PLC 技术 – 高等职业教
育 – 教材　Ⅳ.①TM571.6

中国版本图书馆 CIP 数据核字(2014)第 028778 号

出版发行	天津大学出版社
出 版 人	杨欢
地　　址	天津市卫津路 92 号天津大学内(邮编:300072)
电　　话	发行部:022-27403647
网　　址	publish.tju.edu.cn
印　　刷	廊坊市长虹印刷有限公司
经　　销	全国各地新华书店
开　　本	185mm × 260mm
印　　张	11.5
字　　数	287 千
版　　次	2014 年 3 月第 1 版
印　　次	2014 年 3 月第 1 次
定　　价	25.00 元

前　　言

随着电子技术、计算机技术、控制技术的进步,机电控制技术已成为当前控制领域的关键技术,而可编程序控制器是工业控制领域中最重要、应用最多的通用控制装置,在现代工业生产自动化的三大支柱(可编程序控制器、智能机器人、CAD/CAM)中居首。目前有关可编程序控制器的教材已经有很多,也很成熟,而且在 PLC 的应用案例中,有很多是与传感器检测技术相结合的,因此传感器作为 PLC 控制系统的眼睛起着至关重要的作用,在以往的教材中很少提及将 PLC 与检测技术结合起来,本书根据我院对 PLC 与检测技术相结合的课程改革情况将 PLC 与检测技术的内容进行整合,编写了本教材。本书以国内应用广泛的三菱 FX$_{2N}$ 系列的小型 PLC 为主要研究对象,详细介绍了 PLC、传感器和变频器在电气控制方面的综合应用技术。

本书共分为八个学习项目,分别为 PLC 入门训练、检测技术应用入门、交通信号灯的控制、按颜色和材质分配特定数目的工件自动分拣系统控制、利用 PLC 和变频器实现皮带的多段速控制、自动售货机的 PLC 控制、步进电动机的 PLC 控制、四层电梯的 PLC 控制。本书的编写是为了适应现代企业对高级机电技术人员既有较新知识,又有较强能力的素质要求,与当前高职高专同类教材相比,本教材具有以下特点。

①以 PLC 的理论知识及应用技术为主线安排内容,在其中四个项目中引入传感器检测技术,将 PLC 与传感器检测技术有机地结合起来。

②符合高职高专学生的学习特点和学习规律,采用理论与实践相结合、理论知识由易到难、逐级渗透到各个项目的编写方法来安排教学内容。

③以项目为载体,不拘泥于理论研究,强调应用能力的培养。

④有较多的实践操作内容,在每个项目正式实施之前,安排了一两个任务,目的是对本项目内容进行练习,在每个项目的最后还有"举一反三",可以使学生在课下对本项目内容进行巩固。

本书由王秋敏、刘红艳担任主编,郭成、冯海伟、徐瑞霞、张为宾担任副主编。其中王秋敏负责本书内容和框架结构的总体把握并编写项目四,刘红艳编写项目一、项目二、项目三、项目六,郭成编写项目八,冯海伟编写项目七,徐瑞霞和张为宾编写项目五。在本书编写过程中徐晓丹、金献忠等提出了宝贵的意见和建议,在此表示衷心的感谢。另外在教材的编写过程中,参考并引用了许多专家、学者的图书、论著及有关专业网站的内容,在此谨向这些资料的作者表示衷心的感谢!

由于编者水平有限,本书难免存在错误和不足之处,在此恳请广大读者批评指正。

编者

2013 年 11 月

目　　录

项目一　PLC 入门训练

 学习目标

【知识目标】

1. 理解 PLC 结构组成与工作原理。
2. 掌握三菱 FX_{2N} 系列 PLC 的输入/输出继电器及基本指令(一)。
3. 了解 PLC 与继电器–接触器控制的区别。
4. 熟知 PLC 的编程语言及控制系统的设计步骤。

【能力目标】

1. 能够理解 PLC 的工作过程。
2. 能够对三菱 FX_{2N} 系列 PLC 进行最基本的操作。
3. 会安装 PLC 与电动机、按钮、接触器的控制电路。
4. 会编程、调试实现电动机的点动、连续运行和正反转的控制电路。

1.1　入门知识

一、PLC 概述

（一）可编程序控制器的名称及定义

PLC 实物展示图如图 1-1 所示。

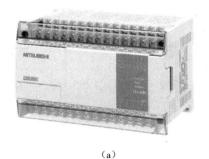　

　　　　（a）　　　　　　　　　　　　　　　　（b）

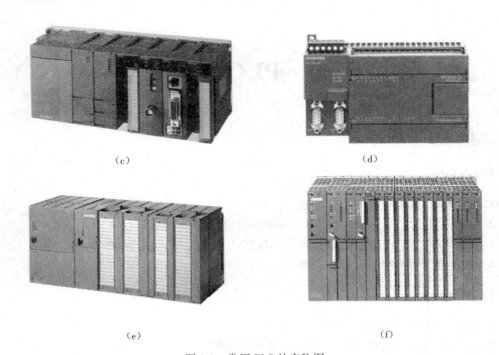

图 1-1　常用 PLC 的实物图

(a)三菱 FX$_{1N}$系列 PLC　(b)三菱 FX$_{2N}$系列 PLC　(c)三菱 Q 系列 PLC　(d)西门子 S7 – 200 系列 PLC

(e)西门子 S7 – 300 系列 PLC　(f)西门子 S7 – 400 系列 PLC

可编程序逻辑控制器(Programmable Logical Controller,PLC),是在继电器 – 接触器控制和计算机控制的基础上开发出来的,并逐步发展为以微处理器为核心,将自动控制技术、计算机技术和通信技术融为一体的新型的工业自动化控制装置。最初的 PLC 在功能上只能进行逻辑控制,因此被称为可编程序逻辑控制器。随着技术的发展,它不仅可以进行逻辑控制,而且还可以对模拟量、顺序、定时/计数和通信联网等进行控制。1980 年美国电气制造商协会(National Electrical Manufacturers Association,NEMA)将它正式命名为可编程序控制器(Programmable Controller,PC)。但为了避免与个人计算机(Personal Computer,PC)相混淆,现在仍然把可编程序控制器简称为 PLC。

可编程序控制器一直在发展中,所以至今尚未对其下最后的定义。国际电工学会(International Electrotechnical Commission, IEC)曾先后于 1982 年 11 月、1985 年 1 月和 1987 年 2 月发布了可编程序控制器标准草案的第一、二、三稿。

在第三稿中,对 PLC 作了如下定义:可编程序控制器是一种数字运算操作电子系统,专为在工业环境下应用而设计。它采用了可编程序的存储器,用来在其内部存储执行逻辑运算、顺序控制、定时、计数和算术运算等操作的指令,并通过数字的、模拟的输入和输出,控制各种类型的机械或生产过程。可编程序控制器及其有关的外围设备,都应按易于与工业控制系统形成一个整体、易于扩充其功能的原则进行设计。并且在第三稿定义中特别强调了 PLC 具有以下特点:

①数字运算操作的电子系统,也是一种计算机;

②专为在工业环境下应用而设计；

③面向用户指令——编程方便；

④可进行逻辑运算、顺序控制、定时、计数和算术运算等操作；

⑤可实现数字量或模拟量输入/输出控制；

⑥易与控制系统连成一体；

⑦易于扩展。

（二）PLC 的产生与发展

PLC 的产生源于美国汽车工业飞速发展的需要，20 世纪 60 年代后期，随着汽车型号更新速度加快，原先的汽车制造生产线使用的继电器－接触器控制系统修改一条生产线要更换许多硬件设备并进行复杂的接线，既造成了浪费，又拖延了施工周期，增加了产品的生产成本，缺乏变更控制过程的灵活性，不能满足用户快速改变控制方式的要求，无法适应汽车换代周期迅速缩短的需要。1968 年，美国通用汽车公司（General Motors，GM）根据市场形势与生产发展的需要，提出了"多品种、小批量、不断翻新汽车品牌型号"的战略。要实现这个战略决策，依靠原有的工业控制装置显然不行，必须有一种新的工业控制装置，它可以随着生产品种的改变，灵活方便地改变控制方案以满足对控制的不同要求。1969 年，著名的美国数字设备公司（Digital Equipment Corporation，DEC）根据通用汽车公司提出的功能要求，研制出了这种新的工业控制装置，并在通用汽车公司的一条汽车自动化生产线上首次运行并取得成功，从而诞生了世界上第一台可编程序控制器。

从 1969 年到现在，PLC 经历了四代。

第一代 PLC 产品大多用 1 位机开发，用磁芯存储器存储，只有逻辑控制功能。

第二代 PLC 产品换成了 8 位微处理器及半导体存储器，PLC 产品开始系列化。

第三代 PLC 产品随着高性能微处理器及位片式中央处理器在 PLC 中大量使用，PLC 的处理速度大大提高，从而促使它向多功能及通信联网方向发展。

第四代 PLC 产品不仅全面使用 16 位和 32 位高性能微处理器、高性能位片式微处理器、精简指令集计算机（Reduced Instruction Set Computer，RISC）等高级中央处理器（Central Processing Unit，CPU），而且在一台 PLC 中配置多个处理器进行多通道处理，同时生产了大量内含微处理器的智能模板，使得第四代 PLC 产品成为具有逻辑控制功能、过程控制功能、运动控制功能、数据处理功能、通信联网功能的真正名副其实的多功能控制器。同一时期，由 PLC 组成的 PLC 网络也得到飞速发展。PLC 与 PLC 网络成为工厂企业中首选的工业控制装置，由 PLC 组成的多级分布式 PLC 网络成为计算机集成制造系统（Computer Integrated Manufacturing System，CIMS）不可或缺的基本组成部分。人们高度评价 PLC 及其网络的重要性，认为它们是现代工业生产自动化的三大支柱（PLC、智能机器人、CAD/CAM）之一。

目前世界上有 200 多家制造商生产 300 多种 PLC 产品，按地域可分为三个流派：美国产品、欧洲产品和日本产品。美国和欧洲的 PLC 技术是在相互隔离的情况下独立研究开发的，因此美国和欧洲的 PLC 产品有明显的差异性；而日本的 PLC 产品开发是由美国引起的，对美国产品有一定的继承性，但日本的主推产品定位在小型 PLC 上。美国和欧洲以大中型 PLC 闻名，日本则以小型 PLC 著称。

美国有 100 多家 PLC 生产厂家，著名的有 A-B（Allen-Bradley）公司、通用电气（General Electric，GE）公司、德州仪器（Texas Instruments，TI）公司等。其中，A-B 公司是美国最大的

3

PLC 制造商,其产品份额占美国 PLC 市场的一半,其主推的产品是大中型 PLC 中的 PLC – 5 系列,该系列为模块式结构;GE 公司的代表产品是小型机 GE-I、GE-I/J、GE-I/P 等,除 GE-I/J 外,均采用模块式结构。

欧洲的 PLC 产品制造商有德国的西门子(Siemens)公司、通用电气公司(Allgemeine Elektrizitas Gesellschaft, AEG)、法国的 TE(Télémécanique Electrique)公司等,其中德国的西门子公司的电子产品以其性能精良而久负盛名,其主要产品有 S5、S7 系列,S7 系列是在 S5 系列的基础上推出的新产品,性价比较高,其中 S7 – 200 系列属于微型 PLC,S7 – 300 系列属于中小型 PLC,S7 – 400 系列属于中高性能的大型 PLC。

日本的 PLC 产品制造商有三菱、欧姆龙、松下、富士、日立、东芝等,日本的 PLC 产品在小型机领域中颇具盛名,某些欧美大中型机才能实现的控制,日本的小型机就可以解决,在开发较复杂的控制系统方面明显优于欧美的小型机,受到很多用户的欢迎。三菱公司的 PLC 产品较早进入了中国市场,其产品有 F_1/F_2、FX、FX_{1S}、FX_{0N}、FX_{1N}、FX_{2N}、FX_{3U}、FX_{3G} 等系列产品。其中 FX_{2N} 是近几年推出的 FX 家族中最先进的系列,具有高速处理及可扩展量大、可满足单个需要的特殊功能模块等特点,为工厂自动化应用提供最大的灵活性和控制能力;FX_{3U} 是三菱公司推出的第三代 PLC 产品,可称得上是小型至尊产品,其基本性能较其他型号大幅提升,晶体管输出型的基本单元内置了 3 轴独立、最高 100 kHz 的定位功能,并且增加了新的定位指令,从而使得定位控制功能更加强大、使用更加方便。

国产 PLC 产品品牌主要有汇川、台达、信捷、易达、和利时等,国产 PLC 产品制造商不像国际大制造商那样在某些固定的行业有固定的大客户,更多的是呈现一种分散的形式,哪里需要就进入哪里,市场份额占有率较低。由于受技术限制,国内的制造商生产的 PLC 产品基本都是中小型。作为实现工业生产自动化不可缺少的部分,大力发展 PLC 对我国具有深远的意义。

（三）PLC 的特点

1. 可靠性高,抗干扰能力强

PLC 输入、输出端口采用继电器或光电耦合的方式,并附加电气隔离、滤波等部件,具有很高的抗干扰能力,可以在比较恶劣的环境下工作,而且故障率很低,一般平均故障间隔时间可达几十万到上千万小时。

2. 体积小,质量轻,功耗低

PLC 在制造时采用了大规模的集成电路和微处理器,用软件代替硬件连线,使其体积小、质量轻、功耗低,易于装入设备内部,是实现机电一体化的理想控制设备。

3. 通用性好

PLC 的硬件是标准化的,加之 PLC 的产品已系列化、功能模块品种多,可以灵活组成各种不同大小和不同功能的控制系统,满足各行各业的需求。

4. 功能强,适用面广

现代 PLC 不仅具有逻辑运算、计时、计数等功能,还有数字量和模拟量的输入/输出、功率驱动、通信、人机对话、自检、记录显示等功能,既可控制一台生产机械、一条生产线,又可控制一个生产过程。

5. 编程简单,容易掌握

大多数 PLC 采用与继电器 – 接触器控制形式相似的梯形图编程方式,梯形图语言的编程元件符号、表达方式与继电器 – 接触器控制电路原理图相当接近,既继承了传统控制电路的直观清晰,又考虑了工厂和企业技术人员的读图习惯、编程水平,非常容易被接受和掌握。同时 PLC 还提供了功能图、语句表等编程语言。

（四）PLC 的分类

PLC 产品种类繁多,其规格和性能也各不相同。通常根据 PLC 的 I/O 点数的多少、结构形式的不同等进行大致分类。

1. 按 I/O 点数分类

PLC 按其 I/O 点数多少一般可分为以下三类。

（1）小型 PLC

小型 PLC 的功能控制一般以开关量控制为主,I/O 点数在 256 以下,用户程序存储容量在 8 KB 以下。如西门子公司的 S7 – 200 系列、三菱公司的 FX 系列、欧姆龙公司的 P 型和 CPM 型等都属于小型 PLC。

（2）中型 PLC

中型 PLC 的 I/O 总点数为 256 ~ 2 048,用户程序存储器容量达到 16 KB 左右。中型 PLC 不仅具有开关量和模拟量的控制功能,还具有更强的数字计算能力,它的通信功能和模拟量处理功能更强大,类型比小型机更丰富,适用于更复杂的逻辑控制系统以及连续生产线的过程控制系统。如西门子公司的 S7 – 300 系列、欧姆龙公司的 C200H 系列、三菱公司的 A 系列等都属于中型 PLC。

（3）大型 PLC

大型 PLC 的 I/O 总点数在 2 048 以上,用户程序储存器容量达到 16 KB 以上。大型 PLC 的性能已经与大型 PLC 的输入、输出工业控制计算机相当,它具有计算、控制和调节的能力,还具有强大的网络结构和通信联网能力,有些 PLC 还具有冗余能力。它的监视系统采用 CRT（Cathode Ray Tube,阴极射线管）显示,能够显示过程的动态流程、记录各种曲线和 PID（Proportion Integration Differentiation,比例积分微分）调节参数等;它配备多种智能板,构成一套多功能系统。这种系统还可以和其他型号的控制器互连,如与上位机相连,组成一套集中分散的生产过程和产品质量控制系统。大型 PLC 适用于设备自动化控制、过程自动化控制和过程监控系统。如西门子公司的 S7 – 400 系列、欧姆龙公司的 CVM1 和 CS1 系列、三菱公司的 K3 系列等都属于大型 PLC。

2. 按结构形式分类

根据 PLC 的结构形式不同,可将 PLC 分为整体式和模块式两类。

（1）整体式 PLC

整体式 PLC 如图 1-1（a）、（b）、（d）所示,它是将电源、CPU、I/O 接口等部件都集中装在一个机箱内,具有结构紧凑、体积小、价格低的特点。整体式 PLC 由不同 I/O 点数的基本单元（又称主机）和扩展单元组成。基本单元内有 CPU、I/O 接口、与 I/O 扩展单元相连的扩展口以及与编程器或 EPROM（Erasable Programmable Read Only Memory,可擦可编程只读存储器）写入器相连的接口等。扩展单元内只有 I/O 接口和电源等,没有 CPU。基本单元和扩展单元之间一般用扁平电缆连接。整体式 PLC 一般还可配备特殊功能单元,如模拟量单元、位置控制单元等,使其功能得以扩展。小型 PLC 一般采用这种整体式结构。

（2）模块式 PLC

模块式 PLC 如图 1-1（c）、（e）、（f）所示，它是将 PLC 各组成部分分别做成若干个单独的模块，如 CPU 模块、I/O 模块、电源模块（有的含在 CPU 模块中）以及各种功能模块。模块式 PLC 由框架或基板和各种模块组成，模块装在框架或基板的插座上。这种模块式 PLC 的特点是配置灵活，可根据需要选配不同规模的系统，而且装配方便，便于扩展和维修。大中型 PLC 一般采用模块式结构。

（五）PLC 的应用领域

PLC 的应用非常广泛，目前在国内外已广泛应用于钢铁、冶金、化工、轻工、食品、电力、机械、交通运输、汽车制造、建筑、环保、公用事业等各行各业。

1. 开关量顺序控制

开关量顺序控制是 PLC 应用最广泛的领域，也是 PLC 最基本的控制功能，可用来取代继电器 - 接触器控制系统，既可用于单台设备的控制，也可用于多机群控制和自动化生产线控制，如机床电气控制、电梯自动控制、自动化生产线控制、数控机床控制、交通灯控制等。

2. 模拟量过程控制

除开关量外，PLC 还能控制连续变化的模拟量，如压力、速度、流量、液位、电压和电流等。通过各种传感器将相应的模拟量转化为电信号，然后通过 A/D（Analog to Digital，模 - 数）模块将它们转换为数字量，送到 PLC 处理，处理后的数字量再通过 D/A（Digital to Analog，数 - 模）模块转换为模拟量进行输出控制，如通过专用的智能 PID 模块实现模拟量的闭环过程控制。这一功能主要应用在恒压供水控制系统、锅炉温度控制系统等中。

3. 运动控制

PLC 提供了驱动步进电动机或伺服电动机的单轴或多轴位置控制模块，通过这些模块可实现直线运动或圆周运动的控制。这一功能主要用于各类机床、机器人、装配机械等的运动控制。

4. 数据处理

PLC 提供了各种数学运算、数据传送、数据转换、数据排序以及位操作等功能，可以实现数据采集、分析和处理。这些数据可通过通信系统传送到其他智能设备，也可利用它们与存储器中的参考值进行比较，或利用它们制作各种要求的报表。数据处理功能一般用于各种行业的大中型控制系统。

5. 通信功能

为适应现代工业自动化控制系统的需要——集中及远程管理，PLC 可实现与 PLC、单片机、打印机及上级计算机互相交换信息的通信功能。

二、PLC 的结构及工作原理

（一）PLC 的结构

PLC 的类型繁多，功能与指令系统也不尽相同，但结构与工作原理则大同小异。PLC 通常由中央处理器（CPU）、存储器、输入/输出（I/O）接口、电源、外部设备接口和扩展接口等几个主要部分组成，PLC 基本组成如图 1-2 所示。

1. 中央处理器（CPU）

CPU 是 PLC 的核心部件，也是 PLC 进行逻辑运算及数学运算并协调整个系统工作的部件，接收和存储输入的程序，扫描现场的输入状态，执行用户程序并进行自诊断。

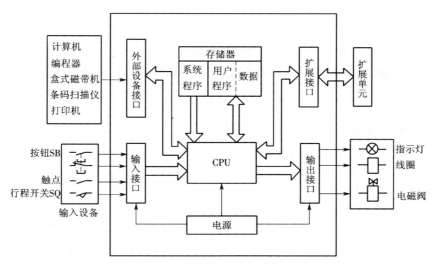

图 1-2　PLC 的基本组成

2. 存储器

存储器用来存放程序和数据,包括不能写入程序的只读存储器(Read Only Memory, ROM)和可以随机存取程序的可读写存储器(Random Access Memory, RAM),分别用来存储系统程序和用户程序。

3. 输入/输出(I/O)接口

PLC 主要是通过各种 I/O 接口与外界联系的。输入模块将电信号转换成数字信号送入 PLC 系统,输出模块将处理完的数字信号转换成电信号输出给外部设备。接收的信号主要有两类:一类是按钮、行程开关、光电开关、数字式拨码开关等产生的数字式开关量信号;一类是温度传感器、压力传感器、电位器等产生的连续变化的模拟量信号。输出的信号类型有以下两种。

(1)开关量

开关量按电压水平分,有 220 V(AC)、110 V(AC)、5 V(DC)、12 V(DC)、24 V(DC)、48 V(DC)、60 V(DC)。选择时主要根据现场输入设备与输入模块之间的距离来考虑。一般 5 V、12 V、24 V 用于距离较近场合的传输,如 5 V 输入模块传输距离最远不得超过 10 m,距离较远的应选用较高的输入电压等级。

(2)模拟量

模拟量按信号类型分,有电流型(4~20 mA,0~20 mA)、电压型(0~10 V,0~5 V,-10~10 V)等;按精度分,有 12 位、14 位、16 位等。

4. 电源部件

PLC 内部配备了直流开关稳压电源,为 CPU、存储器、I/O 接口等内部各模块的集成电路提供工作电源,有的还可对外提供直流 24 V 的工作电源。输入回路和输出回路的电源一般相互独立,以避免来自外部的干扰。另外,为防止内部程序和数据因外部电源故障而丢失,PLC 还带有锂电池作为后备电源。

5. 扩展接口

扩展接口用于系统扩展,可连接 I/O 扩展单元、A/D 模块、D/A 模块和温度控制模块等。

6. 外部设备接口

外部设备接口可将编程器(目前一般由计算机通过计算机运行编程软件充当编程器)、计算机、打印机、条码扫描仪等外部设备与主机相连,以完成相应的操作。

(二)PLC 的工作原理

1. 等效电路

PLC 控制系统的等效电路可分为用户输入设备、输入电路、内部控制电路、输出电路和用户输出设备等五部分,等效电路如图 1-3 所示。

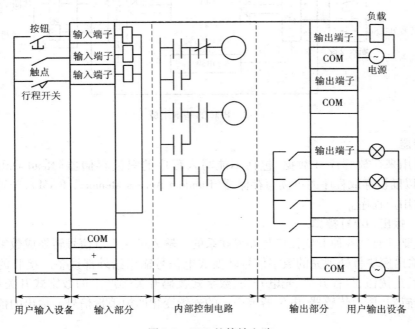

图 1-3 PLC 的等效电路

(1)用户输入设备

用户输入设备包括常用的按钮、行程开关、限位开关、继电器触点和各类传感器等,其作用就是将各种外部控制信号送入 PLC 的输入电路。

(2)输入部分

输入部分由 PLC 的输入端子和输入继电器组成。外部输入信号通过输入端子来驱动输入继电器的线圈。每个输入端子对应一个相同编号的输入继电器,当用户的输入设备处于接通状态时,对应编号的输入继电器的线圈"得电"(由于 PLC 的继电器为"软继电器",因此这里的"电"指的是概念电流)。输入部分的电源可以使用 PLC 内部的直流电源,也可以用独立的交流电源供电。

(3)内部控制电路

内部控制电路是由用户程序形成的用"软继电器"代替"硬继电器"的逻辑控制电路。它的作用是对输入、输出信号的状态进行运算、处理和判断,然后得到相应的输出。一般逻辑控制电路用梯形图表示,它在形式上类似于继电器-接触器控制原理图,将在下面的内容中详细介绍。

（4）输出部分

输出部分由 PLC 的输出继电器的外部常开触点和输出端子组成，其作用是驱动外部负载。每个输出继电器除了内部控制电路提供的触点外，还为输出电路提供一个与输出端子相连的实际常开触点。驱动外部负载的电源由外部交流电源提供。

（5）用户输出设备

用户输出设备是用户根据控制需要使用的实际负载，常用的有继电器的线圈、指示灯、电磁阀等。

2. 工作过程

PLC 一般采用循环扫描的工作方式，其工作过程如图 1-4 所示。

图 1-4　PLC 工作过程示意图

当给 PLC 上电后，CPU 检查主机硬件和所有输入模块、输出模块，在运行模式下，还要检查用户程序存储器。若发现异常，则 PLC 停止运行并显示错误。若自诊断正常，则继续向下扫描。

在通信操作阶段，CPU 自检并处理各通信端口接收的信息，完成数据通信任务。即检查是否有计算机、编程器的通信请求，若有则进行相应的处理，如接收编程器送来的程序。

一个机器扫描周期（用户程序运行一次）分为自诊断、通信处理、采样输入、程序执行、输出刷新五个阶段，CPU 周而复始地进行循环扫描工作。也可以把扫描周期简化为采样输入、程序执行和输出刷新三个阶段。

（1）采样输入

在此阶段，PLC 首先扫描所有输入端口，依次读取所有输入状态和数据，并将它们存入输入/输出映像寄存器相应的单元内。采样输入结束后，转入用户程序执行和输出处理阶段。在执行后面这两个阶段过程中，即使输入状态和数据发生变化，输入/输出映像寄存器中相应单元的状态和数据也不会改变。

（2）程序执行

在用户程序执行阶段，PLC 会串行执行存储器中的程序，PLC 总是按由上至下、从左往右的顺序依次扫描用户程序（梯形图），当程序指令涉及输入、输出状态时，PLC 从输入映像寄存器"读取"上一阶段采集的对应输入端口的状态，从元件映像寄存器"读取"对应元件（"软继电器"）的当前状态，并进行逻辑运算，然后把逻辑运算的结果存入元件映像寄存器中。

（3）输出刷新

当扫描并执行完用户程序后，PLC 就进入输出刷新阶段。在此阶段，CPU 按照输入/输出映像寄存器内对应的状态和数据刷新所有的输出锁存电路，再经输出电路转换成外部设备能接收的电压或电流信号，以驱动相应的外部设备。

3. 扫描周期

PLC 完成一次从采样输入、程序执行到输出刷新整个工作过程所需要的时间，称为扫描周期。扫描周期的长短取决于 CPU 执行指令的速度、指令本身占有的时间和指令条数。

4. PLC 工作过程的特点

PLC 工作过程的显著特点:输入、输出的批处理,即对输入、输出状态进行集中的处理过程。在当前的扫描周期内,用户程序依据的输入信号的状态(ON 或 OFF),均从输入映像寄存器中读取,而不管此时外部输入信号的状态是否变化。即使此时外部输入信号的状态发生了变化,也只能在下一个扫描周期的采样输入阶段读取。如果 PLC 正处于程序执行阶段,输入信号的状态发生了变化,对应的输入状态寄存器的内容不会变化,输出信号也就不会随之变化,必须到下一次采样输入时,输入状态寄存器的内容才发生变化。

(三)PLC 与继电器－接触器控制方式的比较

PLC 是在传统的继电器－接触器控制和计算机控制的基础上发展起来的,与继电器－接触器控制相比,既有相似的地方,也有不同之处。传统的继电器－接触器控制只能进行开关量控制;而 PLC 既可进行开关量控制,又可进行模拟量控制,还能与计算机连成网络,实现分级控制。两者的不同之处主要有以下几点。

(1)组成器件不同

继电器－接触器控制电路由许多真实的硬件实物组成;而 PLC 则由许多虚拟的逻辑器件组成,它们的实质是存储器中的每一个触发器,称为"软继电器"。"硬继电器"易磨损,而"软继电器"无磨损现象。

(2)触点的数量不同

"硬继电器"的触点数量有限,用于控制的继电器的触点一般只有 4~8 对;而梯形图中每个"软继电器"供编程使用的触点数量有无限对,因为在存储器中的触发器状态(电平)可以使用任意次。另外,"硬继电器"中触点的寿命是有限的,而 PLC"软继电器"的触点寿命是无限的。

(3)控制方法不同

继电器－接触器控制系统是通过元器件之间的硬接线来实现的,控制功能就固定在电路中;PLC 控制功能是通过软件编程来实现的,只要改变程序,控制功能即可改变,非常灵活。

(4)工作方式不同

在继电器－接触器控制电路中,当电源接通时,线路中各继电器都处于受制约状态,即该吸合的继电器都同时吸合,不该吸合的继电器都因受某种条件限制不能吸合;在 PLC 的控制电路中,采用循环扫描的执行方式,即从第一行梯形图开始,依次执行至最后一行梯形图,再从第一行梯形图开始继续往下执行,周而复始,因此从激励到响应有一定时间的滞后。

三、三菱 FX$_{2N}$系列 PLC 的继电器(X、Y)和编程语言

三菱公司是日本主要的 PLC 制造商之一,先后推出了 F、F$_1$、F$_2$、FX$_0$、FX$_1$、FX$_2$、FX$_{1S}$、FX$_{0N}$、FX$_{1N}$、FX$_{2N}$、FX$_{3U}$、FX$_{3G}$ 等系列小型和微型 PLC。FX$_{2N}$是三菱公司推出的 FX 家族中最先进的系列,具有高速处理、可扩展量大、可满足单个需要的特殊功能模块等特点,为工厂自动化应用提供最大的灵活性和控制能力。

（一）三菱 FX$_{2N}$ 系列 PLC 的型号

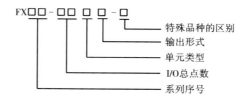

系列序号:0、1、2、1S、0N、1N、2N、2NC、3U、3G。

I/O 总点数:4 ~ 256。

单元类型:M——基本单元;

　　　　　E——输入/输出混合单元与扩展单元;

　　　　　EX——输入专用扩展模块;

　　　　　EY——输出专用扩展模块。

输出形式:R——继电器输出(有触点,交直流负载两用);

　　　　　T——晶体管输出(无触点,直流负载用);

　　　　　S——双向晶闸管输出(无触点,交流负载用)。

特殊品种的区别:无符号——交流 100/220 V 电源,直流 24 V 输入(内部供电);

　　　　　　　　D——直流电源;

　　　　　　　　C——接插口输入/输出方式。

例如:型号为 FX$_{2N}$ – 32 MR 的 PLC 属于 FX$_{2N}$ 系列,有 32 个 I/O 点,基本单元类型,继电器输出,使用交流 100/220 V 电源,直流 24 V 输入。

（二）三菱 FX$_{2N}$ 系列 PLC 的内部继电器

PLC 内部的继电器是支持该机型编程语言的软元件,不同厂家、不同型号的 PLC 编程元件的数量和种类都不一样。三菱 FX$_{2N}$ 系列 PLC 的内部继电器的功能是相互独立的,均用字母表示:X 代表输入继电器,Y 代表输出继电器,M 代表辅助继电器,T 代表定时器,C 代表计数器,S 代表状态器,D 代表数据寄存器,V/Z 代表变址寄存器,P/I 代表指针。每一个编程元件由上述字母和相应的地址编号表示。在 FX 系列 PLC 中,输入继电器和输出继电器的地址编号采用八进制数来表示,其他元器件采用十进制数来表示。

1. 输入继电器 X

输入继电器与 PLC 的输入端相连,是 PLC 接收外部开关信号的接口。与输入端子相连的输入继电器是光电隔离的电子继电器,其常开、常闭触点在编程时可无限次使用。输入继电器的状态只能由外部信号驱动,而不能由内部的程序指令驱动。FX$_{2N}$ 系列 PLC 输入继电器地址编号范围为 X0 ~ X267,最多可达 184 点。图 1-5 为输入继电器的等效电路示意图。

2. 输出继电器 Y

输出继电器与 PLC 的输出端相连,是 PLC 向外部负载输出信号的接口。输出继电器的外部输出主触点接到 PLC 的输出端子上供外部负载使用,其余常开、常闭触点供内部程序使用,输出继电器的常开、常闭触点在编程时可无限次使用。输出继电器的状态只能由内部程序指令驱动。图 1-6 为输出继电器的等效电路示意图。

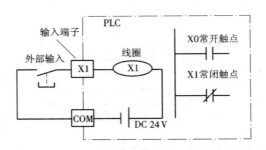

图 1-5　输入继电器的等效电路示意图

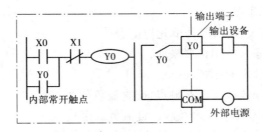

图 1-6　输出继电器的等效电路示意图

（三）PLC 的编程语言

PLC 的用户程序是编程人员根据控制系统的工艺控制要求，通过 PLC 编程语言而编制设计的。不同厂家、不同型号的 PLC 有各自的编程软件和编程语言。根据国际电工委员会制定的工业控制编程语言标准（IEC1131—3），PLC 的标准编程语言有五种：梯形图编程语言（LD）、指令语句表编程语言（IL）、顺序功能图编程语言（SFC）、功能模块图编程语言（FBD）和结构文本编程语言（ST）。

1. 梯形图编程语言

梯形图编程语言习惯上叫梯形图。该语言沿袭了继电器－接触器控制电路的形式，形象、直观、实用、易懂，是目前应用最多的一种 PLC 编程语言。其画法如图 1-7 所示。

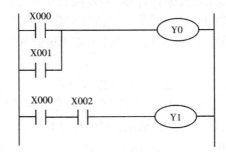

图 1-7　梯形图画法

梯形图编程语言的特点：与电气操作原理图相对应，具有直观性和对应性；与原有继电器－接触器控制相一致，电气人员易于掌握。

梯形图编程语言与原有继电器－接触器控制的不同点：梯形图中不是真实的物理电流或能量在流动，内部的继电器也不是实际存在的继电器，但为了便于理解与分析，通常假想在 PLC 梯形图中存在一种所谓的"电流"或"能流",这仅仅是虚拟化的概念电流。注意,假想电流只能从左往右流动,层次改变只能自上而下,假想电流是执行用户程序时满足输出执行条件的形象理解。

梯形图格式要求如下。

①图左、右两边垂直线分别称为起始母线(左母线)、终止母线(右母线)。每一行程序必须从起始母线开始,终止于线圈或终止母线(有些 PLC 的终止母线可以省略不画)。

②梯形图按行从上往下编写,每一行按从左往右的顺序编写,PLC 执行程序时的顺序与梯形图编写顺序一致。

③梯形图的起始母线与线圈之间一定要有触点,而线圈与终止母线之间不能有任何触点。

2. 指令语句表编程语言

指令语句表编程语言是一种与计算机汇编语言类似的助记符编程方式,用一系列操作指令组成的语句将控制流程描述出来,并通过编程器输入 PLC 中去。需要指出的是,厂家不同,编程指令也会有所不同。下面以三菱 FX 系列的指令语句简单说明该编程语言的用法。

LD	X0	逻辑行开始,输入 X0 的常开触点
OR	Y0	并联 Y0 的常开触点
ANI	X1	串联 X1 的常闭触点
OUT	Y0	输出 Y0,逻辑行结束
LDI	X2	逻辑行开始,输入 X2 的常闭触点
AND	Y0	串联 Y0 的常开触点
OUT	Y1	输出 Y1,逻辑行结束

指令语句表是由若干条语句组成的程序,语句是程序的最小独立单元,每个操作系统由一条或几条语句执行。PLC 语句表达形式与一般计算机编程语言语句表达形式类似,也是由操作码和操作数两部分组成。操作码用助记符表示(如 LD 表示逻辑取、AND 表示逻辑与、OUT 表示线圈驱动等),用来说明要执行的功能。操作数一般由标识符和参数组成。标识符表示操作数的类型(如 X 表示输入继电器、Y 表示输出继电器、T 表示定时器等)。参数表明操作数的地址或预先设定值。

指令语句表编程语言具有下列特点:

①采用助记符来表示操作功能,具有容易记忆、便于掌握的特点;

②在编程器的键盘上采用助记符表示,具有便于操作的特点,可在无计算机的场合进行编程设计;

③与梯形图有一一对应关系,其特点与梯形图语言基本相同。

3. 顺序功能图编程语言

顺序功能图编程语言是一种位于其他编程语言之上的图形语言,用来编制顺序控制程序。使用该语言设计程序时,首先要根据系统的工艺过程,画出顺序功能图,然后根据顺序功能图画出梯形图。该语言提供了一种组织程序的图形方法,根据它可以方便地画出顺序控制梯形图程序,也可在顺序功能图中嵌套其他编程语言进行编程。步、转换和动作是顺序功能图中的三种主要元件,顺序功能图的画法如图 1-8 所示。其具体用法将在后续内容中详细介绍。

4. 功能模块图编程语言

功能模块图编程语言是一种类似于数字逻辑门电路的编程语言,有数字电路基础的人易于掌握。该语言用类似与门、或门的方框来表示逻辑运算关系,方框的左侧为逻辑运算的输入变量,右侧为输出变量,输入端、输出端的小圆圈表示"非"运算,方框被"导线"连接将可编程序连锁在一起,信号从左向右流动,如图 1-9 所示。个别微型 PLC 模块(如西门子公司的"LOGO"逻辑模块)使用功能模块图编程语言。

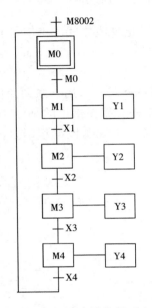

图 1-8　顺序功能图画法

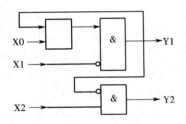

图 1-9　功能模块图编程语言

功能模块图编程语言具有下列特点:

①以功能模块为单位,从控制功能入手,使控制方案的分析和理解变得容易;

②功能模块是用图形化的方法描述功能,它的直观性大大方便了设计人员的编程和组态,有较好的易操作性;

③对控制规模较大、控制关系较复杂的系统,由于控制功能的关系可以较清楚地表达出来,因此可以缩短编程和组态时间,也能减少调试时间;

④由于每种功能模块需要占用一定的程序内存,而且功能模块的执行需要一定的时间,因此这种设计语言通常在大中型 PLC 和集散控制系统的编程和组态中才被采用。

5. 结构文本编程语言

结构文本编程语言是为 IEC61131—3 标准专门创建的一种专用的高级编程语言。与梯形图相比,能实现复杂的数学运算,同时编写的程序非常简洁和紧凑。

结构文本编程语言具有下列特点:

①采用高级语言进行编程,可以完成较复杂的控制运算;

②需要有一定的计算机高级程序设计语言的知识和编程技巧,对编程人员的技能要求较高,普通电气人员无法完成;

③直观性和易操作性等较差;

④常用于采用功能模块图编程语言等语言较难实现的一些控制功能的实施。

部分 PLC 制造商为用户提供了简单的结构文本编程语言,它与助记符程序设计语言相似,对程序的步数有一定的限制;同时,提供了与 PLC 间的接口或通信连接程序的编制方式,为用户的应用程序提供了扩展余地。

(四)三菱 FX$_{2N}$ 系列 PLC 的基本指令(一)

1. 逻辑取 LD、取反 LDI 和线圈驱动指令 OUT

LD 为取指令,表示一个常开触点与起始母线相连,即逻辑运算起始于常开触点。

LDI 为取反指令,表示一个常闭触点与起始母线相连,即逻辑运算起始于常闭触点。

LD 和 LDI 两条指令的目标元件是 X、Y、M、S、T、C,用于将触点接到起始母线上。

OUT 为线圈驱动指令,也叫输出指令,用于驱动线圈,使逻辑运算结果驱动一个指定线圈,目标元件是 Y、M、S、T、C,对输入继电器 X 不能使用。OUT 指令可以连续使用多次。当 OUT 指令驱动定时器 T 和计数器 C 时,必须设置常数 K。

图 1-10 是上述三条指令的应用。

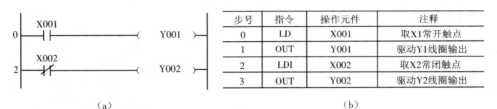

步号	指令	操作元件	注释
0	LD	X001	取X1常开触点
1	OUT	Y001	驱动Y1线圈输出
2	LDI	X002	取X2常闭触点
3	OUT	Y002	驱动Y2线圈输出

(a) (b)

图 1-10 LD、LDI、OUT 指令的应用

(a)梯形图 (b)指令语句

2. 触点串联指令 AND、ANI

AND 为与指令,用于单个常开触点与前面的触点或触点块的串联。

ANI 为与非指令,用于单个常闭触点与前面的触点或触点块的串联。

AND 和 ANI 指令的目标元件是 X、Y、M、S、T、C,并且可以多次重复使用,这两条指令的应用如图 1-11 所示。

3. 触点并联指令 OR、ORI

OR 为或指令,用于单个常开触点与上面的触点或触点块的并联。

ORI 为或非指令,用于单个常闭触点与上面的触点或触点块的并联。

OR 和 ORI 指令的目标元件是 X、Y、M、S、T、C。它们都是并联一个触点,要对两个以上触点串联连接的电路块进行并联,要用到后述的 ORB 指令。

OR 和 ORI 是从该指令的当前步开始,对前面的 LD、LDI 指令并联连接,并联的次数无限制,这两条指令的应用如图 1-12 所示。

4. 程序结束指令 END

END 是一条无目标元件的指令,用于结束程序的运行。PLC 反复进行输入处理、程序执行、输出刷新,若在程序最后写入 END 指令,则 END 以后的程序步就不再执行,直接进行输出处理。在程序调试过程中,按段插入 END 指令,可以顺序扩大对各程序段动作的检查,

15

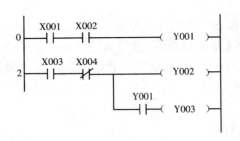

步号	指令	操作元件	注释
0	LD	X001	取X1常开触点
1	AND	X002	串联X2常开触点
2	OUT	Y001	驱动Y1线圈输出
3	LD	X003	取X3常开触点
4	ANI	X004	串联X4常闭触点
5	OUT	Y002	驱动Y2线圈输出
6	AND	Y001	串联Y1常开触点
7	OUT	Y003	驱动Y3线圈输出

（a）　　　　　　　　　　　　　　　（b）

图 1-11　AND、ANI 指令的应用

（a）梯形图　（b）指令语句

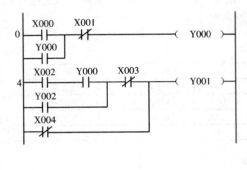

步号	指令	操作元件	注释
0	LD	X000	取X0常开触点
1	OR	Y000	并联Y0常开触点
2	ANI	X001	串联X1常闭触点
3	OUT	Y000	驱动Y0线圈输出
4	LD	X002	取X2常开触点
5	AND	Y000	串联Y0常开触点
6	OR	Y002	并联Y2常开触点
7	ANI	X003	串联X3常闭触点
8	ORI	X004	并联X4常闭触点
9	OUT	Y001	驱动Y1线圈输出

（a）　　　　　　　　　　　　　　　（b）

图 1-12　OR、ORI 指令的应用

（a）梯形图　（b）指令语句

在确认前面的电路块的动作正确无误之后,依次删去 END 指令。需要注意的是,在执行 END 指令时,也刷新监视时钟。

（五）PLC 控制系统设计的原则

①充分发挥 PLC 的控制功能,最大限度地满足被控对象的各项性能指标和生产过程的控制要求。

②在满足控制要求的前提下,力求控制系统简单、经济,使其具有经济性和实用性的特点。

③确保控制系统的安全、可靠。

④在选择 PLC 容量时,应考虑到生产的发展和工艺的改进,在 I/O 点数和内存容量上留有适当的余量。

⑤软件设计主要是指编写程序,要求程序结构清楚、可读性强、程序简短、占用内存少、扫描周期短。

（六）PLC 控制系统设计的步骤

图 1-13 为 PLC 控制系统的设计内容及步骤流程图。

1. 确定控制对象、控制范围及输入/输出设备

这是整个系统设计的基础,设计人员首先应对被控对象进行深入的调查和分析,熟悉工艺流程和设备性能。根据生产中提出的问题,确定系统所要完成的任务、必须完成的动作及完成的顺序,明确控制任务和设计要求,划分控制过程的各个阶段及各阶段之间的转换条件。

根据系统的控制要求,确定系统所需的输入/输出设备。常用的输入设备有按钮、转换开关、行程开关、传感器、编码器等,常用的输出设备有继电器、接触器、指示灯、电磁阀、变频器、伺服电机、步进电动机等。

2. 选定 PLC 的型号

根据生产工艺要求,分析被控对象的复杂程度,进行 I/O 点数和 I/O 点类型(数字量、模拟量等)的统计,列出清单,再按实际所需总点数的 10%～20% 留出备用量(为系统的改造等留有余地)后确定所需 PLC 的 I/O 点数。适当进行内存容量的估计,确定适当的留有余量而不浪费资源的机型(小、中、大型 PLC),并结合市场情况,考察 PLC 制造商的产品及其售后服务、技术支持、网络通信等综合情况,选定价格性能比较好的 PLC 机型。PLC 的选择包括对 PLC 的机型、容量、I/O 模块、特殊模块、电源等的选择。

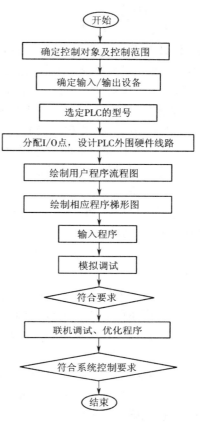

图 1-13　PLC 控制系统的设计
内容及步骤流程图

控制对象不同,会对 PLC 提出不同的控制要求。如用 PLC 替代继电器完成设备或生产过程控制、时序控制时,只需 PLC 具备基本的逻辑控制功能即可。而对于需要模拟量控制的系统,则应选择配有模拟量输入/输出模块的 PLC,并且其内部还应具有数字运算功能。对于需要进行数据处理的系统,PLC 则应具有图表传送、数据库生成等功能。有些系统,需要进行远程控制,则应配置具有远程 I/O 控制(如温度控制、位置控制、PID 控制等)的模块。如果选择了合适的 PLC 及相应的智能控制模块,将使系统设计变得非常简单。

3. I/O 点的分配,设计 PLC 外围硬件线路

(1)分配 I/O 点

根据所选 PLC 的型号及给定元件的地址范围,为每个使用的相关输入/输出信号及内部器件分配各自专用的地址,绘制所用元件的地址分配表,并绘制 I/O 接口的外部接线图。

(2)设计 PLC 外围硬件线路

画出系统其他部分的电气线路图,包括主电路和未进入 PLC 的控制电路等。由 PLC 的 I/O 连接图和 PLC 外围电气线路图组成系统的电气原理图。到此为止,系统的硬件电气线路已经确定。

17

4. 编写程序

编写程序是整个程序设计工作的核心部分。根据系统的控制要求,采用合适的设计方法来设计 PLC 程序。要以满足系统控制要求为主线,逐一编写实现各控制功能或各子任务的程序,逐步完善系统指定的功能。首先,根据受控对象的控制要求及各控制阶段的转换条件,绘制出控制流程图。其次,由控制流程图绘制 PLC 的用户程序梯形图,梯形图是最普遍的编程语言,经验设计法是经常采用的方法,平时应多注意积累,在设计时可以借鉴其他相似的程序。最后,如果 PLC 没有提供图形编程器,还需要将梯形图转换为程序指令代码,输入 PLC。在程序设计的时候建议将使用的软继电器(内部继电器、定时器、计数器等)列表,标明用途以便于程序设计、调试和系统运行维护以及检修时查阅。

5. 调试程序

将程序下载到 PLC 后,应先进行测试工作。因为在程序设计过程中,难免会有疏漏的地方。因此,在将 PLC 连接到现场设备之前,必须进行模拟测试,以排除程序中的错误,同时也为整体调试打好基础,缩短整体调试的周期。因此,PLC 的程序调试一般分为两个阶段。

第一阶段为模拟调试,即将设计好的程序输入 PLC 后,不接输入元件和负载,直接输入与负载工作相似的模拟信号,根据相应指示灯的显示,观察输入/输出之间的变化关系及逻辑状态是否符合设计要求,并分段调试程序,逐步修改和调整程序,直至符合控制系统的要求为止。

第二阶段为现场调试,即在初调合格的情况下,将 PLC 与现场设备连接。在正式调试前,全面检查整个 PLC 控制系统,包括电源、接地线、设备连接线、I/O 连线等。在保证整个硬件连接正确无误的情况下即可送电,反复调试以消除可能出现的各种问题。应保持足够长的运行时间使问题充分暴露并加以纠正。如果控制系统由几个部分组成,则应先做局部以调试,然后再进行整体调试;如果控制程序的步序较多,则可先进行分段调试,然后再连接起来总调,进一步完善系统设计。

1.2　入门演练

任务 1　PLC 指挥电动机的点动运行

一、任务要求

用 PLC 实现三相异步电动机的点动运行,即按下按钮 SB,电动机得电运行,松开按钮 SB,电动机断电停止。

二、控制任务分析

图 1-14 是三相异步电动机继电器－接触器点动控制电路,当按下按钮 SB 时,接触器 KM 线圈得电,其主触点闭合,电动机通入三相交流电运转;当松开按钮 SB 时,KM 线圈失电,电动机停止运转。该电路中用到的主要元器件及其作用如表 1-1 所示。

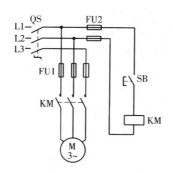

图 1-14 三相异步电动机点动控制电路

表 1-1 电动机点动控制电路中主要元器件及其作用

代号	名 称	作 用
KM	交流接触器	运行控制
SB	点动控制按钮	点动操作
FU1	主熔断器	主电路短路保护
FU2	控制熔断器	控制电路短路保护

　　PLC 由输入接口接收主令控制信号,运行控制程序后通过输出接口驱动负载,由负载决定生产设备的工作状态。因此,用 PLC 实现电动机的点动控制,需要将主令元器件即启动按钮 SB 与 PLC 输入端口连接,并将接触器线圈接到输出端口。

三、PLC 的输入/输出分配

　　电动机点动控制的输入/输出分配如表 1-2 所示。

表 1-2 电动机点动控制的输入/输出分配表

输入			输出		
名称	元件代号	PLC 的 I/O 点	名称	元件代号	PLC 的 I/O 点
启动按钮	SB	X0	交流接触器	KM	Y0

　　输入/输出外部接线如图 1-15 所示。

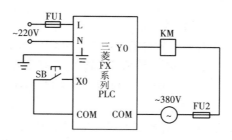

图 1-15 输入/输出外部接线图

四、电动机点动控制的硬件接线

电动机点动的 PLC 控制电路如图 1-16 所示。从图中可以看出,其主电路与继电器 – 接触器控制方式的主电路是一样的,只是控制电路有所不同,PLC 的控制方式用程序代替了继电器 – 接触器控制方式的控制电路。

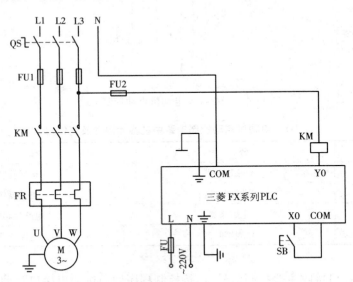

图 1-16　电动机点动的 PLC 控制电路图

硬件线路的安装步骤如下。

1. 布置电气元件

根据实训板或网孔板尺寸布置电气元件位置。

2. 安装线槽

初步放置和分布好电气元件后,然后根据板面元件分布情况切割和固定线槽。

3. 安装和固定元件

按要求安装和固定相关电气元件。

4. 线路连接

按照图 1-16 三相异步电动机点动的 PLC 控制电路图进行接线,安装完成后的电气控制板如图 1-17 所示。

五、电动机点动控制的程序设计

1. 三菱 FX 系列 PLC 的编程软件

三菱公司的 FX 系列 PLC 的编程软件有 SWOPC-FXGP/WIN-C 和 GX Developer 两种,本书采用 SWOPC-FXGP/WIN-C 软件进行编程,此软件能够适用于三菱 F_1、F_2、FX_{0N}、FX_{1S}、FX_{1N}、FX_{2N} 系列 PLC 的编程,可在 Windows 2000 及 XP 操作系统下运行。

2. 程序设计

PLC 程序设计的方法有经验法、翻译法、解析法和流程图法。

翻译法是将继电器 – 接触器控制电路图直接转换为 PLC 梯形图的程序设计方法。对于有继电器 – 接触器控制系统基础的初学者来说,翻译法是一种常用的方法。

使用翻译法编程时,应根据输入/输出分配表或输入/输出外部接线图将继电器 – 接触

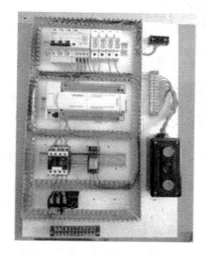

图 1-17　电动机点动的电气控制板

器控制电路中的触点和线圈用对应的 PLC 软触点和软元件替代。由图 1-15 可知,启动按钮 SB 的常开触点和输入继电器 X0 相连,而控制三相异步电动机运转的接触器 KM 由输出继电器 Y0 控制,即输出继电器 Y0 得电,接触器 KM 吸合,电动机运转。继电器 – 接触器控制电路经替换后得到的 PLC 控制梯形图如图 1-18 所示。

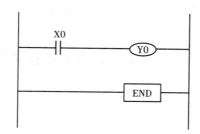

图 1-18　电动机点动控制梯形图

六、电动机点动控制的程序调试

电动机点动控制程序安装调试的步骤如下。

1. 打开软件

点击[开始]—[MELSEC-F FX 应用]—[FXGP-WIN-C],打开软件,界面如图 1-19 所示。

2. 创建文件

通过选择[文件]—[新文件]菜单项,或者按[Ctrl]＋[N]键,再在 PLC 模式设置对话框中选择 PLC 的类型,进入编程界面,如图 1-20 所示。

3. 编写梯形图

将图 1-18 所示的梯形图录入编程软件。

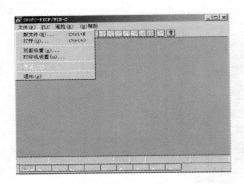

图1-19　程序安装调试主界面

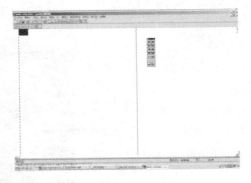

图1-20　编程界面

4. 接通 PLC 电源

将 PLC 的电源开关置于 ON 的位置,保证 PLC 面板上的 POWER 指示灯亮起。

5. 下载程序到 PLC

通过选择[PLC]—[写出]菜单项,并在范围设置对话框中选择程序范围后,将程序下载到 PLC 中。

6. 运行程序

打开 PLC 运行程序的开关,使运行指示灯 RUN 亮,进入运行程序的状态。

7. 调试程序

按下启动按钮 SB,输入继电器 X0 指示灯亮,输出继电器 Y0 得电,指示灯亮,将信号送给外部负载——接触器 KM 的线圈,接触器线圈得电,触点闭合,电动机得电运行,松开按钮 SB,电动机断电停止。

任务2　PLC 指挥电动机的连续运行

一、任务要求

用 PLC 实现三相异步电动机的连续运行,即按下按钮 SB2,电动机得电运行,松开按钮 SB1,继续运行,按下按钮 SB1,电动机断电停止。

二、控制任务分析

图1-21 为三相异步电动机继电器-接触器连续运行控制电路。按照控制要求,按下按钮 SB2 时,KM 线圈得电并自锁,电动机得电并连续运行;当按下按钮 SB1 时,电动机断电停止运行;当电动机过载时,热继电器的常闭触点动作,断开控制电路的电源,电动机也停止运行。此电路中用到的元器件及其作用如表1-3 所示。

表1-3　电动机连续运行控制电路中主要元器件及其作用

代号	名称	作用	代号	名称	作用
KM	交流接触器	运行控制	FR	热继电器	过载保护
SB1	停止按钮	停止控制	FU1	熔断器	主电路短路保护
SB2	启动按钮	启动控制	FU2	熔断器	控制电路短路保护

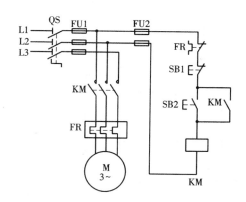

图 1-21　三相异步电动机连续运行控制电路

三、PLC 的输入/输出分配

综合分析后,电动机连续运行的输入设备有 3 个,输出设备有 1 个,可选用型号为 FX_{2N} - 16MR 的 PLC 进行控制。其输入/输出分配如表 1-4 所示。

表 1-4　电动机连续控制的输入/输出分配表

输入			输出		
名称	元件代号	PLC 的 I/O 点	名称	元件代号	PLC 的 I/O 点
停止按钮	SB1	X0	交流接触器	KM	Y0
启动按钮	SB2	X1			
热继电器	FR	X2			

输入/输出外部接线如图 1-22 所示。

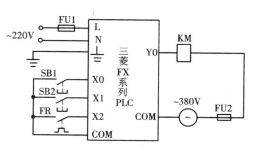

图 1-22　输入/输出外部接线图

四、电动机连续运行 PLC 控制的硬件接线

采用 PLC 控制的电动机连续运行控制电路如图 1-23 所示。按照电气接线的要求将 PLC 控制的硬件线路接好,以备后面调试程序用。

五、电动机连续控制的程序设计

利用继电器 - 接触器控制电路直接转换的方法。根据图 1-21 由翻译法容易得出 PLC 控制电动机单向连续运行的梯形图如图 1-24 所示。其中常闭触点 X0 与停止按钮 SB1 相连,常闭触点 X2 与热继电器相连。需要注意的是,在继电器 - 接触器控制系统中,启动一

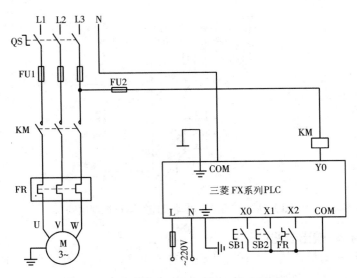

图 1-23　电动机连续运行的 PLC 控制电路图

般使用常开按钮,停止使用常闭按钮;用 PLC 控制时,启动和停止一般都使用常开按钮。尽管使用哪种按钮都可以,但画出的 PLC 梯形图却不同。当停止按钮选择的是常开按钮时,对应梯形图中的触点选择的是常闭触点。

在梯形图中,应使并联支路多的电路块尽量靠近起始母线,将图 1-24 中的并联电路块移至起始母线处,得到的梯形图如图 1-25 所示。

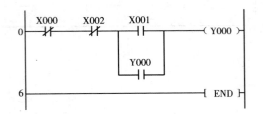

图 1-24　用翻译法转换的梯形图

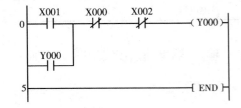

图 1-25　连续运行的梯形图

六、电动机连续运行的程序调试

打开三菱的编程软件 FXGP-WIN-C,将图 1-25 所示的梯形图输入软件,编好的梯形图要下载到 PLC 中,将 PLC 运行模式选择开关拨到 RUN 位置,使 PLC 进入运行状态。按照本节任务 1 中的安装调试步骤进行程序调试,观察程序运行情况,若出故障,应分别检查电路接线和梯形图是否有误,若进行了修改,应重新调试,直至系统按照要求正常工作,最终实现:按下启动按钮 SB2,输入继电器 X1 指示灯亮,输出继电器 Y0 得电,Y0 指示灯亮,将信号送给外部负载——接触器 KM 的线圈,接触器线圈得电,触点闭合,电动机得电运行,按下按钮 SB1,输入继电器 X0 指示灯亮,程序中其常闭触点 X0 断开、输出继电器 Y0 线圈得电、接触器 KM 的线圈失电、电动机断电停止。

1.3　小试牛刀

任务 1　电动机正反转控制的硬件设计

一、任务要求

应用 PLC 实现三相交流异步电动机的正反转运行,即按下正转启动按钮 SB2,电动机正转;按下反转启动按钮 SB3 后,电动机反转;按下停止按钮 SB1,电动机停止运行。

二、控制任务分析

图 1-26 为采用继电器 – 接触器控制方式实现电动机正反转运行的控制电路图。按下按钮 SB2,接触器 KM1 线圈得电,电动机正转;按下按钮 SB3,接触器 KM2 线圈得电,电动机反转;按下按钮 SB1,电动机停止运行。当电动机过载时,热继电器的常闭触点断开控制电路的电源,电动机也会停止运行。该电路中用到的主要元器件及其作用如表 1-5 所示。

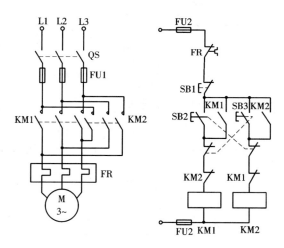

图 1-26　电动机正反转控制电路

表 1-5　电动机正反转控制电路中主要元器件及其作用

代号	名称	作用	代号	名称	作用
KM1	交流接触器 1	正转运行控制	SB3	反转启动按钮	反转启动控制
KM2	交流接触器 2	反转运行控制	FR	热继电器	过载保护
SB1	停止按钮	停止控制	FU1	熔断器 1	主电路短路保护
SB2	正转启动按钮	正转启动控制	FU2	熔断器 2	控制电路短路保护

三、PLC 的输入/输出点分配

综合分析后,电动机正反转运行的输入设备有 4 个,输出设备有 2 个,可选用 FX_{2N} – 16MR 的 PLC 进行控制。其输入/输出分配如表 1-6 所示。

表 1-6   电动机正反转控制的输入/输出分配表

输入			输出		
名称	元件代号	PLC 的 I/O 点	名称	元件代号	PLC 的 I/O 点
停止按钮	SB1	X0	交流接触器 1	KM1	Y0
正转启动按钮	SB2	X1	交流接触器 2	KM2	Y1
反转启动按钮	SB3	X2			
热继电器	FR	X3			

输入/输出外部接线如图 1-27 所示。

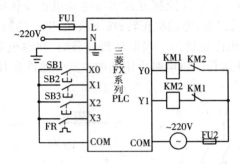

图 1-27   输入/输出外部接线图

四、电动机正反转运行 PLC 控制的硬件接线

采用 PLC 控制电动机正反转的硬件电路如图 1-28 所示。按照电气接线的要求将 PLC 控制的硬件电路接好,也可与编程同时进行,或者在编完程序后进行安装调试时安装接线。

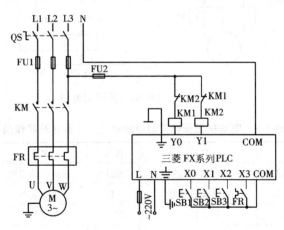

图 1-28   电动机正反转运行的硬件接线图

任务 2   电动机正反转控制的软件设计

采用翻译法设计电动机正反转控制的梯形图,即利用继电器 – 接触器控制电路直接转换的方法。根据图 1-26 由翻译法容易得出 PLC 控制电动机正反转运行的梯形图如图 1-29

所示。其中常闭触点 X0 与停止按钮 SB1 相连,常闭触点 X3 与热继电器 FR 相连(注意:对应的与 PLC 相连的外部输入设备——停止按钮和热继电器的触点采用了常开触点)。在梯形图中,应将并联支路多的电路块尽量靠近起始母线,将图 1-29 中的并联电路块移至起始母线处,得到的梯形图如图 1-30 所示。

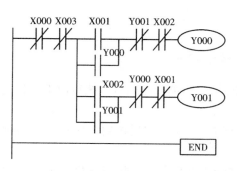

图 1-29　用翻译法转换后的梯形图

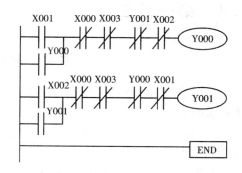

图 1-30　电动机正反转的梯形图

【注意】

在图 1-30 所示的梯形图中,Y0 和 Y1 分别用自身的常开和常闭触点实现了自锁和互锁功能,同时利用 X0 和 X1 的常闭触点设置了按钮连锁,实现了双重互锁。

虽然在梯形图中设置了双重互锁,但在外部硬件输出电路中还必须用 KM1 和 KM2 的辅助常闭触点进行互锁,如图 1-27 和图 1-28 所示。因为 PLC 集中输入采样和集中输出的工作特点,在电路由反转直接切换至正转时,Y0 和 Y1 会同时输出动作,没有时间差;而由正转直接切换至反转时,PLC 内部软继电器互锁也只相差一个扫描周期,而外部硬件接触器触点的断开时间往往大于一个扫描周期,来不及响应,因此极易出现电源短路事故。采用 KM 互锁,可以避免上述现象的产生,也可以避免因主触点熔焊或机构动作不灵而产生的短路现象。

任务 3　电动机正反转控制的安装与调试

电动机正反转控制安装与调试的步骤如下。

1. 电气接线

参照图 1-28 电动机正反转运行的硬件接线图,将电动机与 PLC 的硬件部分的电路接好。

2. 输入程序

参照"1.2　入门演练"任务 1 中的安装调试步骤 1～5 步,将设计好的梯形图输入编程软件,并写入 PLC 的存储器中。

3. 程序调试

按下启动按钮 SB2,输入继电器 X1 指示灯亮,输出继电器 Y0 得电,Y0 指示灯亮,同时将信号送给外部负载——接触器 KM1 的线圈,接触器 KM1 的线圈得电,其触点闭合,电动机得电正向启动;按下启动按钮 SB3,输入继电器 X2 指示灯亮,其常开触点 X2 闭合,使输出继电器 Y1 得电,Y1 指示灯亮,同时将信号送给外部负载——接触器 KM2 的线圈,接触器

27

KM2 的线圈得电,触点闭合,电动机得电反向启动;按下按钮 SB1,输入继电器 X0 指示灯亮,程序中其常闭触点 X0 断开、输出继电器 Y0 或 Y1 得电、接触器 KM1 或 KM2 的线圈失电,电动机断电停止。

1.4 举一反三

任务 餐馆点餐系统的设计

使用学过的基础指令控制一间餐馆中的呼叫单元,呼叫单元必须可以执行以下动作,具体要求如下。

①当按下 1 号桌上的按钮 SB1 后,墙上的指示灯 L1 点亮。如果按钮 SB1 松开,指示灯 L1 继续保持点亮状态。

②当按下 2 号桌上的按钮 SB2 后,墙上的指示灯 L2 点亮。如果按钮 SB2 松开,指示灯 L2 继续保持点亮状态。

③当指示灯 L1 和指示灯 L2 点亮后,操作面板上的指示灯 L3 被点亮。

④当按下操作面板上的按钮 SB3 后,墙上的指示灯 L1、指示灯 L2 和操作面板上的指示灯 L3 均熄灭。

项目二 检测技术应用入门

 学习目标

【知识目标】

1. 理解并掌握液位传感器的原理及应用。
2. 掌握三菱 FX_{2N} 系列 PLC 的继电器(T)的原理及基本指令(二)。
3. 了解梯形图的设计方法——经验设计法。
4. 熟知梯形图设计的基本原则。

【能力目标】

1. 能够掌握经验设计法的设计思路与步骤。
2. 能够利用定时器和基本指令设计梯形图程序。
3. 会编程、调试实现多种液体混合装置的控制。

2.1 入门知识

一、检测技术入门知识

传感器检测技术是一种随着现代科学技术的发展而迅猛发展的技术,是机电一体化系统不可或缺的关键技术之一。所谓的检测,是指在生产、生活、科研等各个领域为获得被测对象的有关信息而实时或非实时地对一些参量进行定性检查和定量测量。尽管现代检测系统的种类繁多,但它们都是用于各种物理或化学成分等参量的检测,检测过程通常先通过各种传感器获得被测量的信息,将其转变成电量,然后经信号调理、数据采集、信号处理后显示并输出。因此传感器是检测系统与被测对象直接发生联系的器件或装置。

在现代工业生产尤其是自动化生产过程中,要用各种传感器来监视和控制生产过程中的各个参数,使设备工作在正常状态或最佳状态,并使产品达到最好的质量。因此可以说,没有众多优良的传感器,现代化生产也就失去了基础。用一个形象的比喻来形容,传感器就像工业生产设备的眼睛、像人类的五官一样,感受并获取自然环境和生产领域中的信息,在自动检测系统中占有重要的位置。

传感器早已渗透到诸如工业生产、宇宙开发、海洋探测、环境保护、资源调查、医学诊断、生物工程甚至文物保护等极其广泛的领域。可以毫不夸张地说,从茫茫的太空,到浩瀚的海洋,以至于各种复杂的工程系统,几乎每一个现代化项目,都离不开各种各样的传感器。

（一）传感器的认识

1. 定义

传感器是一种检测装置,能感受到被测物的信息,并能将检测到的信息,按一定规律转换成为电信号或其他所需形式的信息输出,以满足信息的传输、处理、存储、显示、记录和控

制等要求。它是实现自动检测和自动控制的首要环节。

2. 传感器的组成

传感器一般由敏感元件、转换元件、基本转换电路和辅助电源组成,如图 2-1 所示。

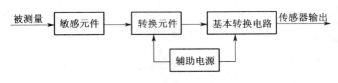

图 2-1　传感器的组成

敏感元件是能够直接感受被测物理量,并以确定关系输出另一物理量的元件,如应变式传感器中的敏感元件是一个弹性膜片,它将力、力矩转换成位移或应变输出。

转换元件是将敏感元件的非电信号输出转换成电路参数(电阻、电容、电感)、电流或电压等电信号。

基本转换电路则将转换元件输出的电信号转换成便于传输、处理的电信号,如应变式压力传感器的基本转换电路是一个电桥电路,它将应变片输出的电阻值变化转换成一个电压或电流的变化,经过放大后即可驱动记录、显示仪表的工作。

随着半导体器件与集成电路技术在传感器中的应用,一般也把转换元件和基本转换电路所需的辅助电源作为传感器的组成部分。

3. 传感器的分类

在实际工程应用中,传感器千差万别、种类繁多,分类方法也不尽相同。同一种被测量可以用不同的传感器进行测量,而同种原理的传感器又可以测量多种物理量。常用的分类方法有以下几种。

(1)按被测物理量分类

按被测物理量,传感器可分为温度传感器、压力传感器、流量传感器、位移传感器、速度传感器、加速度传感器、湿度传感器、气敏传感器、热敏传感器、振动传感器等。

(2)按传感器工作原理分类

按工作原理,传感器可分为电阻式传感器、电容式传感器、电感式传感器、压电式传感器、霍尔式传感器、光电式传感器、光栅式传感器、光纤式传感器、热电式传感器等。

(3)按输出信号的性质分类

按输出信号的性质,传感器可分为数字式传感器、模拟式传感器等。

(二)液位传感器

1. 定义

液位传感器(又叫静压液位计、液位变送器、水位传感器)是一种测量液位的压力传感器。在石油化工、水利水电、农田灌溉、环境监测以及自来水处理、污水处理等众多领域,液位(水位)是一个重要的技术参数。目前液位传感器已被广泛应用于石油化工、冶金、电力、制药、供排水、环保等系统和行业的各种介质的液位测量。

2. 分类

液位传感器的种类繁多,分类方法也不尽相同。

(1)按照传感器与液体是否接触分类

按照传感器与液体是否接触,可将液位传感器分为以下两类。

①接触式,包括静压式液位传感器、浮球式液位传感器、磁性液位传感器、投入式液位传感器、电动内浮球液位传感器、电动浮筒液位传感器、电容式液位传感器、磁致伸缩液位传感器、伺服液位传感器等。

②非接触式,包括超声波液位传感器、雷达液位传感器等。

(2)按照能否连续测量液位分类

按照能否连续测量液位,可将液位传感器分为以下两类:

①连续测量液位变化的连续式液位传感器;

②以点测为目的的开关式液位传感器,即液位开关。

开关式液位传感器比连续式液位传感器应用得广泛,主要用于过程自动控制的门限、溢流和空转防止等。连续式液位传感器主要用于连续控制和仓库管理等方面,目前有时也可用于多点报警系统中。

(3)按照检测原理不同分类

根据检测原理的不同,可将液位传感器分为以下三类:

①应用浮力原理检测液位的液位传感器;

②应用静压原理检测液位的液位传感器;

③应用超声波反射原理检测液位的液位传感器。

3. 常用液位传感器

(1)静压式液位传感器

静压式液位传感器(图 2-2)适用于石油化工、冶金、电力、制药、供排水、环保等系统和行业的各种介质的液位测量。它利用流体静力学原理测量液位,即所测液体静压与该液体的液面高度成比例的原理,采用国外先进的隔离型扩散硅敏感元件或陶瓷电容压力敏感传感器,将静压转换为电信号,再经过温度补偿和线性修正,转化成标准电信号(一般为 4 ~ 20 mA 或 1 ~ 5 V 直流电信号),是压力传感器的一项重要应用。结构上采用特种的中间带有通气导管的电缆及专门的密封技术,既保证了传感器的水密性,又使得参考压力腔与环境压力相通,从而保证了测量的高精度和高稳定性。

图 2-2 静压式液位传感器

1)工作原理

利用静压测量原理,当液位传感器投入被测液体中某一深度时,传感器迎液面受到的压力为

$$p = \rho g H + p_0$$

式中 p——传感器迎液面所受压力;

ρ——被测液体密度;

g——当地重力加速度;

H——传感器投入液体的深度;

p_0——液面上的大气压。

同时,通过导气不锈钢将液体的压力引入传感器的正压腔,再将液面上的大气压 p_0 与

传感器的负压腔相连,以抵消传感器背面的大气压 p_0,使传感器测得压力为 ρgH。显然,通过测取压力 p,可以得到液位深度。

2)功能特点

①稳定性好,满度、零位长期稳定性可达 0.1% FS/年。在补偿温度为 0 ~ 70 ℃时,温度漂移低于 0.1% FS,在整个允许工作温度范围内低于 0.3% FS。

②具有反向保护、限流保护电路,在安装时正负极接反不会损坏变送器,异常时变送器会自动限流在 35 mA 以内。

③固态结构,无可动部件,高可靠性,使用寿命长。

④安装方便,结构简单,经济耐用。

3)主要技术参数

工艺:扩散硅、陶瓷电容、蓝宝石电容任选。

结构:分体式、一体式可选。

量程:0 ~ 0.5 ~ 200 m。

输出:4 ~ 20 mA(2 线制)。

供电:7.5 ~ 36 V(DC),推荐 24 V(DC)。

(2)浮力式液位传感器

浮力式液位检测分为恒浮力式检测与变浮力式检测。恒浮力式检测是利用漂浮于液面上的浮子(浮标)随液面变化而产生的位移进行测量。变浮力式检测是利用沉没于液体中的浮筒所受的浮力与液面位置的关系检测液位。当液位变化时,前者产生相应的位移,而所受到的浮力维持不变,后者则发生浮力的变化。因此,只要检测出浮标的位移或浮筒所受到的浮力的大小,就可以知道液位的高低。

1)恒浮力式液位检测原理

如图 2-3 所示,将液面上的浮子用绳索连接并悬挂在滑轮上,绳索的另一端挂有平衡重锤,利用浮子所受的重力和浮力之差与平衡重锤的重力相平衡,使浮子漂浮在液面上。满足平衡关系:

$$W - F = G$$

式中　　W——浮子的重力;

　　　　F——浮力,$F = \rho gV$;

　　　　G——重锤的重力。

当液位上升时,浮子所受浮力 F 增大,则 $W - F < G$,使原有平衡关系被破坏,浮子在重锤重力作用下向上移动,但浮子在上移的同时,浮力 F 下降,$W - F$ 增大,直到 $W - F$ 又重新等于 G 时,浮子停留在新的液位上,反之同理,从而实现浮子对液位的追踪。

W 和 G 是定值,浮子停留在任何高度液面时,F 的值均不变,所以称为恒浮力法。

其实质是:通过浮子把液位的变化转换成机械位移(线位移或角位移)的变化。

2)变浮力式液位检测原理

如图 2-4 所示,利用浮筒实现液位检测。浮筒被液体浸没的高度不同,致使所受浮力不同,以此来检测液位的变化。将一横截面面积为 S、质量为 m 的圆筒形空心金属浮筒挂在弹簧上,由于弹簧的另一端固定,弹簧因浮筒的重力被压缩,当浮筒的重力与弹簧弹力达到平衡时,浮筒才停止移动。浮筒重力与弹簧弹力的平衡条件为

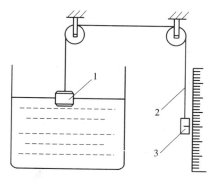

图 2-3　恒浮力式液位传感器

1—浮子；2—绳索；3—重锤

$$G = X_0 C$$

式中　G——浮筒的重力；

C——弹簧的刚度；

X_0——弹簧由于浮筒重力而产生的变形量。

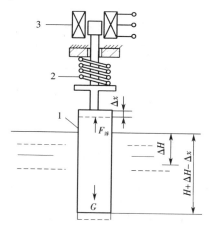

图 2-4　变浮力式液位传感器

1—浮筒；2—弹簧；3—差动变压器

　　当液位改变、浮筒的一部分被浸没时，浮筒受到液体对它的浮力作用而向上移动，当弹簧力、浮筒所受浮力和浮筒的重力平衡时，浮筒停止移动。设液位高度为 H，浮筒由于向上移动实际浸没在液体中的长度为 h，浮筒移动的距离即弹簧长度的改变量

$$\Delta x = H - h$$

根据力平衡条件可得

$$G - F_{浮} = (X_0 - \Delta x)C$$

将式 $G = X_0 C$ 代入上式，得

$$F_{浮} = \Delta x C$$

一般情况下，$h \gg \Delta x$，故可以认为 $H = h$，从而被测液位可表示为

$$H = \frac{\Delta x C}{S \rho g}$$

式中　ρ——浸没浮筒的液体的密度。

　　可见,当液位发生变化时,浮筒产生位移,其位移量 Δx 与液位高度成正比关系。变浮力液位检测方法的实质是将液位转换成敏感元件浮筒的位移变化。

　　(3)超声波液位传感器

　　超声波液位传感器是一种性能优良的非接触式高精度液位传感器,利用超声波在气体、液体和固体介质中传播的回声测距原理检测液位。因此,在容器底部或顶部安装超声波发射器和接收器,发射出的超声波在相界面被反射,并由接收器接收,测出超声波从发射到接收的时间差,便可测出液位高度。

　　超声波液位传感器按传声介质不同,可分为气介式、液介式和固介式三种,三种检测介质的检测方式如图 2-5 所示;按探头的工作方式,可分为自发自收的单探头方式和收发分开的双探头方式,相互组合可以得到六种液位计的设计方案。

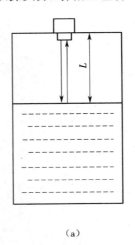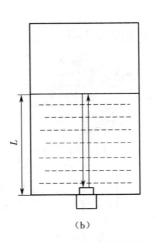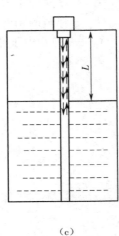

(a)　　　　　　　　　　(b)　　　　　　　　　　(c)

图 2-5　单探头超声波液位计

(a)气介式　(b)液介式　(c)固介式

　　单探头液位计使用一个换能器,由控制电路控制它分时交替作发射器与接收器。双探头液位计则使用两个换能器分别作发射器和接收器,对于固介式,需要有两根金属棒或金属管分别作发射波与接收波的传输管道。

　　对于单换能器(图 2-6(a))来说,超声波从发射到液面,又从液面反射到换能器的时间为

$$t = \frac{2h}{v}$$

式中　h——换能器距液面的距离;

　　　v——超声波在介质中传播的速度。

　　对于双换能器(图 2-6(b))来说,超声波从发射到被接收经过的路程为 $2s$,而

$$s = vt/2$$

液位高度为

$$h = (s^2 - a^2)^{1/2}$$

式中　s——超声波反射点到换能器的距离；

　　　a——两换能器间距的一半。

综上所述,只要测得超声波脉冲从发射到接收的间隔时间,便可以求得待测的物位。

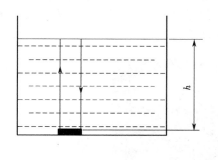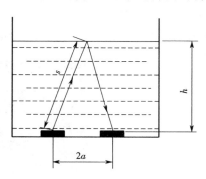

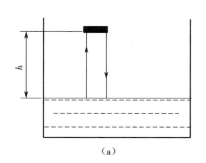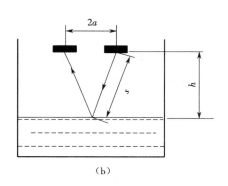

（a）　　　　　　　　　　　（b）

图 2-6　单换能器和双换能器超声波液位计的结构及原理
（a)单换能器　（b)双换能器

1)超声波测液位的优点

①可用于危险场所非接触检测物位,可以测量所有液体和固体的物位。

②可以定点和连续测量,而且能够很方便地提供遥控所需的信号。

③测量精度高、换能器寿命长。

④传感器与物料不直接接触,安装维护方便,价格便宜。

⑤超声波不受光线、粒度的影响,其传播速度不直接与介质的介电常数、电导率、热导率有关,广泛应用于测量腐蚀性和侵蚀性物粒及性质易变的物位。

2)超声波测液位的缺点

①超声波传感器不能测量有气泡和有悬浮物的液位。

②当被测量液面有很大波浪时,在测量上会引起超声波反射混乱,产生测量误差。

③超声波液位传感器的检测范围为 $10^{-2} \sim 10^4$ m,精度为 0.1%。

（4)电子式液位开关

电子式液位开关属于以点测为目的的开关式液位传感器,通过内置电子探头对水位进行检测,再由芯片对检测到的信号进行处理。当判断到有水时,芯片输出高电平 24 V 或 5

V 等（PNP 型或 NPN 型三极管均可）；当判断到无水时，芯片输出低电平 0 V。高低电平的信号通过 PLC 或其他控制电路来读取，并驱动水泵等电器工作。

电子式液位开关可以横向或竖向安装。当横向安装时，水位到达蓝线就动作，且精度较高。当竖向安装时，水位到达红线就动作，有一定的防波浪功能。电子式液位开关一般采用环氧树脂封灌，密封防水，可长期浸在液体中，外部无机械活动部件，使用寿命长。图 2-7 为BZ2401 普通型电子式液位开关，适用于常温水体环境。

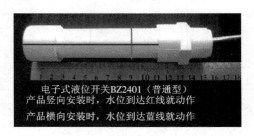

图 2-7　BZ2401 普通型电子式液位开关

在本节中，当液面达到某个高度时，就要求传感器发出信号，关闭或打开某些电磁阀，因此选择以点测为目的的开关式液位传感器最为合适。由于还要与 PLC 相互传输信号，因此选择电子式液位开关。

液位开关的图形符号和文字符号如图 2-8 所示。

图 2-8　液位开关的图形符号和文字符号

二、PLC 知识积累

（一）三菱 FX$_{2N}$ 系列 PLC 的继电器（T）

定时器在 PLC 中的作用相当于一个时间继电器，主要用于定时控制，每个定时器有线圈和无数个触点可供用户编程使用。当定时器线圈接通时，定时器当前值由 0 开始递增，直到当前值达到设定值时，定时器触点动作。定时器使用用户程序存储器内的常数 K 作为设定值，也可用数据寄存器 D 的内容作为设定值，在后一种情况下，一般使用有掉电保护功能的数据寄存器。

定时器可分为常规定时器（T0 ~ T245）和积算定时器（T246 ~ T255）两类。

1. 常规定时器（T0 ~ T245）

100 ms 定时器：T0 ~ T199，共 200 点，设定值范围为 0.1 ~ 3 276.7 s。

10 ms 定时器：T200 ~ T245，共 46 点，设定值范围为 0.01 ~ 327.67 s。

如图 2-9 所示，当输入继电器 X0 接通时，T0 用当前值计数器累计 100 ms 的时钟脉冲的个数，如果该值达到设定值 K50 时，定时器 T0 的输出触点动作；当输入继电器 X1 接通时，T200 用当前计数器累计 10 ms 的时钟脉冲的个数，如果该值达到设定值 K100 时，定时器T200 的输出触点动作，使输出继电器 Y2 线圈接通。

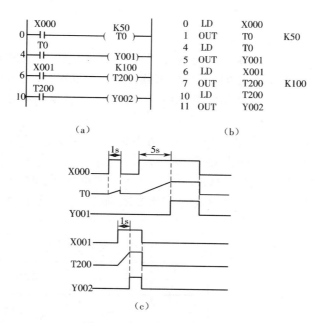

图 2-9　常规定时器应用举例
（a）梯形图　（b）指令语句　（c）时序图

2. 积算定时器（T246 ~ T255）

1 ms 积算定时器：T246 ~ T249，共 4 点，设定值范围为 0.001 ~ 32.767 s。

100 ms 积算定时器：T250 ~ T255，共 6 点，设定值范围为 0.1 ~ 3 276.7 s。

如图 2-10 所示，当定时器线圈 T250 的驱动输入 X0 接通时，T250 用当前值计数器累计 100 ms 的时钟脉冲个数，当该值与设定值 K250 相等时，定时器的输出触点动作；当计数过程中驱动输入 X0 断开或系统停电时，当前值继续保持，X0 再接通时，计数继续累加进行；当复位输入 X1 接通时，计数器就复位，输出触点也复位。

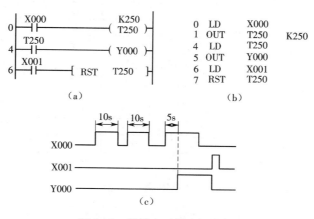

图 2-10　积算定时器应用举例
（a）梯形图　（b）指令语句　（c）时序图

（二）三菱 FX$_{2N}$ 系列 PLC 的基本指令（二）

1. 串联电路块的并联指令 ORB

ORB 为串联电路块的并联指令,用于两个或两个以上串联电路块的并联。

两个或两个以上触点串联的电路叫串联电路块。在串联电路块并联时,每个串联电路块都以 LD、LDI 指令起始,分支结尾处用 ORB 指令将两个串联电路块并联连接。ORB 指令有时也简称或块指令。

ORB 指令的使用方法有两种:一种是在要并联的每个串联电路块后加 ORB 指令,如图 2-11 所示;另一种是集中使用 ORB 指令,如图 2-12 所示。对于前者,分散使用 ORB 指令时,并联电路块的个数没有限制;但对于后者,集中使用 ORB 指令时,要求并联电路块的个数不能超过 8 个(即重复使用 LD、LDI 指令的次数限制在 8 次以下),所以不推荐使用后者编程。

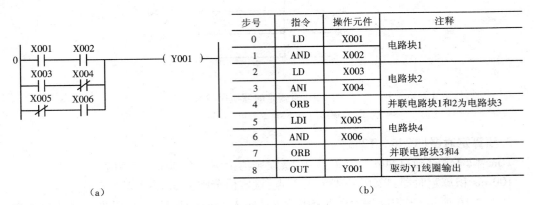

步号	指令	操作元件	注释
0	LD	X001	电路块1
1	AND	X002	
2	LD	X003	电路块2
3	ANI	X004	
4	ORB		并联电路块1和2为电路块3
5	LDI	X005	电路块4
6	AND	X006	
7	ORB		并联电路块3和4
8	OUT	Y001	驱动Y1线圈输出

（a）　　　　　　　　（b）

图 2-11　ORB 指令的应用一
（a）梯形图　（b）指令语句

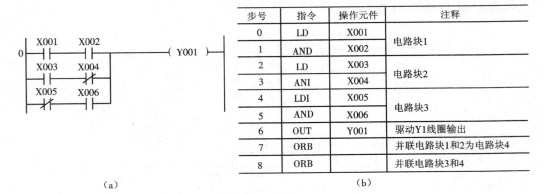

步号	指令	操作元件	注释
0	LD	X001	电路块1
1	AND	X002	
2	LD	X003	电路块2
3	ANI	X004	
4	LDI	X005	电路块3
5	AND	X006	
6	OUT	Y001	驱动Y1线圈输出
7	ORB		并联电路块1和2为电路块4
8	ORB		并联电路块3和4

（a）　　　　　　　　（b）

图 2-12　ORB 指令的应用二
（a）梯形图　（b）指令语句

2. 并联电路块的串联指令 ANB

ANB 为并联电路块的串联指令,用于并联电路块的串联。

两个或两个以上触点并联的电路称为并联电路块。在并联电路块串联时,每个并联电路块都以 LD、LDI 指令起始,并联电路块结束后,用 ANB 指令将并联电路块与前面的电路串联。ANB 指令也简称与块指令,无操作目标元件,该指令的应用如图 2-13 所示。

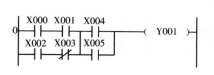

步号	指令	操作元件	注释
0	LD	X000	电路块1
1	AND	X001	
2	LD	X002	电路块2
3	ANI	X003	
4	ORB		并联电路块1和2为电路块3
5	LD	X004	电路块4
6	OR	X005	
7	ANB		串联电路块3和4
8	OUT	Y001	驱动Y1线圈输出

（a）　　　　　　　　　　　　　　　　　（b）

图 2-13　ANB 指令的应用

（a）梯形图　（b）指令语句

3. 置位与复位指令 SET、RST

SET 为置位指令,在触发信号接通时,使操作元件接通并保持(置 1)。

RST 为复位指令,在触发信号接通时,使操作元件断开复位(置 0)。

SET 指令的操作目标元件为 Y、M、S,而 RST 指令的操作目标元件为 Y、M、S、D、V、Z、T、C。SET、RST 指令的应用如图 2-14 所示。

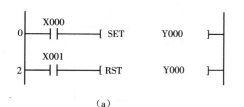

步号	指令	操作元件	注释
0	LD	X000	
1	SET	Y000	置位Y0
2	LD	X001	
3	RST	Y000	复位Y0

（a）　　　　　　　　　　　　　　　　（b）

图 2-14　SET、RST 指令的应用

（a）梯形图　（b）指令语句

4. 多重输出电路指令 MPS、MRD、MPP

MPS 为进栈指令,将 MPS 指令前的运算结果送入堆栈中。

MRD 为读栈指令,读出堆栈中的数据。

MPP 为出栈指令,读出堆栈的数据并清除。

这三条指令无操作目标元件,都为一个程序步长。这组指令用于多个输出电路,可将连接点先存储,用于连接后面的电路。这三条指令的应用如图 2-15 所示。

说明:

①使用多重输出指令,母线没有移动,故多重输出指令后的触点不能用 LD;

②MPS 和 MPP 可以嵌套使用,但应不大于 11 层,同时 MPS 与 MPP 应成对出现。

（a）

步号	指令	操作元件	注释
0	LD	X000	
1	MPS		进栈
2	AND	X001	
3	OUT	Y001	
4	MRD		读栈
5	AND	X002	
6	OUT	Y002	
7	MPP		出栈
8	AND	X003	
9	OUT	Y003	

（b）

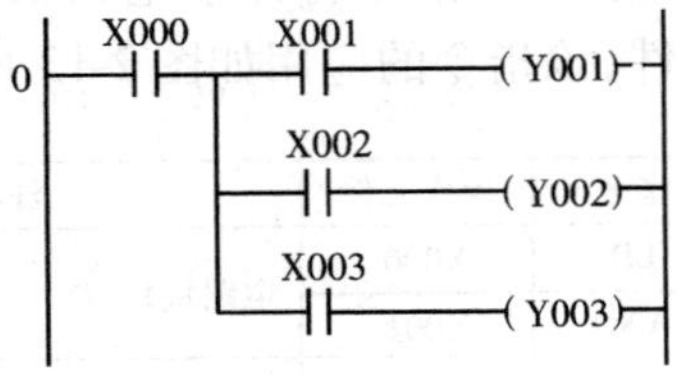

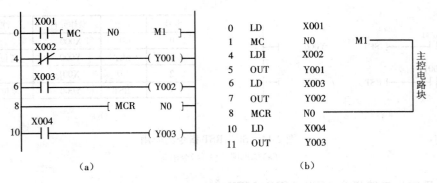

图 2-15　MPS、MRD、MPP 指令的应用

（a）梯形图　（b）指令语句

5. 主控与主控复位指令 MC、MCR

MC 为主控指令，用于公共串联触点的连接。

MCR 为主控复位指令，用于公共串联触点解除、母线复位、主控区结束。

在编程时，经常遇到多个线圈同时受一个或一组触点控制的情况，如果在每个线圈的控制电路中都串入同样的触点，将多占用存储单元，而应用主控指令 MC/MCR 可以解决这一问题，以节省存储单元。主控触点在梯形图中与一般触点垂直。这两条指令的应用如图 2-16 所示，当图中输入电路触点 X1 接通时，执行从 MC 到 MCR 之间的指令；当 X1 的常开触点断开时，不执行上述区间的指令，即 Y1 和 Y2 均断开。

（a）

0	LD	X001	
1	MC	N0	M1 ┐
4	LDI	X002	主
5	OUT	Y001	控
6	LD	X003	电
7	OUT	Y002	路
8	MCR	N0	块 ┘
10	LD	X004	
11	OUT	Y003	

（b）

图 2-16　MC/MCR 指令的应用

（a）梯形图　（b）指令语句

说明：

①MC N0 M1 指令中 N 后的数字表示母线的第相应次转移，M 用来存储母线转移前触点的运算结果；

②MC 指令后，母线移到 MC 触点之后，主控指令 MC 后面的任何指令均以 LD 或 LDI 开始，MCR 指令使母线返回原来状态；

③通过更改 M 的地址号，MC、MCR 指令可嵌套使用，最多可嵌套 8 层（N0 ~ N7）。

（三）梯形图设计法——经验设计法

PLC 的程序设计是指用户编制程序的设计过程。一般应用程序设计可分为经验设计

法、逻辑设计法、顺序功能图设计法等。下面主要以三菱 FX$_{2N}$ 系列 PLC 为例介绍如何利用经验设计法进行程序设计。关于顺序功能图设计法将在后续的章节中介绍。

经验设计法也叫试凑法，就是根据生产工艺要求，利用各种典型的电路环节直接设计控制电路。对一些较简单的控制系统的设计比较奏效，可以收到快速、简洁效果。但这种设计方法对设计人员的实践经验要求比较高，一般不适合复杂控制系统的设计。经验设计方法需要设计者掌握大量的典型电路，在掌握这些典型电路的基础上，充分理解实际的控制问题，将实际控制问题分解成典型控制电路，然后用典型电路或修改的典型电路拼凑梯形图。

1. 经验设计法的步骤与原则

（1）分解梯形图程序

将要编制的梯形图程序分解成功能独立的子梯形图程序。

（2）输入信号逻辑组合

利用输入信号逻辑组合直接控制输入信号。在画梯形图时应考虑输出线圈的得电条件、失电条件、自锁条件，注意程序的启动、停止、连续运行、选择性分支和并行分支。

（3）辅助元件和辅助触点的应用

如果无法利用输入信号逻辑组合直接控制输出信号，则需要增加一些辅助元件和辅助触点，以建立输出线圈的得电和失电条件。

（4）定时器和计数器的应用

如果输出线圈的得电和失电条件中需要定时和计数条件时，可使用定时器和计数器逻辑组合建立输出线圈的得电和失电条件。

（5）功能指令的应用

如果输出线圈的得电和失电条件中需要功能指令的执行结果作为条件时，可使用功能指令逻辑组合建立输出线圈的得电和失电条件。

（6）进行互锁和保护设计

对于通电状态不能同时存在的输出线圈之间要设计互锁，以避免同时发生互相冲突的动作，根据系统特点设计各种保护环节。

在设计梯形图程序时，要注意先画基本梯形图程序，其功能能够满足要求后，再增加其他功能。在使用输入条件时，注意输入条件是电平、脉冲，还是边沿。一定要将梯形图分解成小功能块调试完毕后，再调试全部功能。

2. 基本环节的应用

（1）启动、保持和停止电路

实现 Y10 的启动、保持和停止的四种电路的梯形图如图 2-17 所示，这些梯形图均能实现启动、保持和停止的功能。X0 为启动信号，X1 为停止信号。图 2-17 中的（a）、（c）是利用 Y10 的常开触点实现自锁保持，而（b）、（d）是利用 SET、RST 指令实现自锁保持。另外（a）、（b）为复位优先，而（c）、（d）为置位优先。在实际电路中，启动信号和停止信号也可能由多个触点组成的串、并联电路提供。

（2）互锁控制电路

图 2-18 是 3 个输出线圈的互锁控制电路梯形图，其中 X0、X1 和 X2 是启动按钮，X3 是停止按钮，要求三个线圈不能两两同时得电。所以将 Y0、Y1、Y2 的常闭触点分别串联到其他两个线圈的控制电路中，保证了每次只能有一个线圈接通。

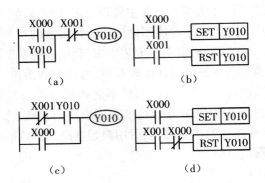

图 2-17　启动、保持和停止电路梯形图

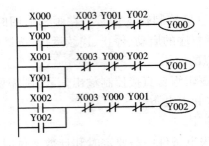

图 2-18　互锁控制电路梯形图

（3）顺序启动控制电路

图 2-19 为顺序启动控制电路梯形图，要求 Y1 必须在 Y0 接通后才能接通。梯形图中，Y0 常开触点串接在 Y1 的控制回路中，Y1 的接通是以 Y0 的接通为条件，这样只有 Y0 接通，Y1 才可以接通，Y0 关断后，Y1 也被关断停止，在 Y0 接通的条件下，Y1 可以自行接通和停止。

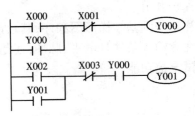

图 2-19　顺序启动控制电路梯形图

（4）集中与分散控制电路

在多台单机组成的自动线上，有在总操作台上集中控制和在单机操作台上分散控制的连锁。集中与分散控制电路梯形图如图 2-20 所示。X2 为选择开关，以其触点作为集中与分散控制的连锁触点，当 X2 为高电平时，为单机分散启动控制；当 X2 为低电平时，为集中总启动控制。在两种情况下，单机和总操作台都可以发出停止命令。

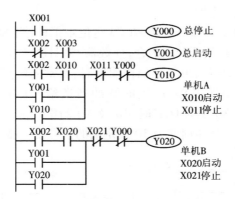

图 2-20 集中与分散控制电路梯形图

（5）延和延分电路

如图 2-21 所示，用 X0 控制 Y0，当 X0 的常开触点接通后，T0 开始定时，10 s 后 T0 的常开触点接通，使 Y0 变为 ON；当 X0 的常开触点断开时，T1 开始定时，5 s 后 T1 的常闭触点断开，使 Y0 变为 OFF，同时 T1 也被复位。

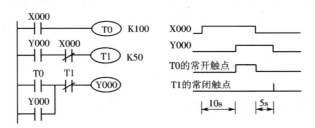

图 2-21 延和延分电路

（6）定时范围扩展电路

FX_{2N} 系列 PLC 定时器最长定时时间为 3 276.7 s，如果需要更长的定时时间，可以采用以下方法获得较长的延时时间。

1）多个定时器组合电路

如图 2-22 所示，当 X0 接通时，T0 线圈得电并开始延时，达到设定的延时时间时，T0 常开触点闭合，又使 T1 线圈得电，并开始延时，当达到定时器 T1 的延时时间时，其常开触点闭合，再使 T2 线圈得电，并开始延时，当达到 T2 的延时时间时，其常开触点闭合，才使 Y0 接通。从 X0 为 ON 开始到 Y0 接通总共延时 9 000 s。

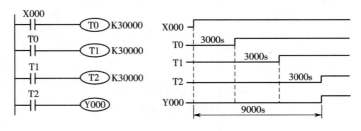

图 2-22 多个定时器组合电路

2）定时器与计数器组合电路

如图 2-23 所示，当 X0 为 OFF 时，T0 和 C0 复位不工作；当 X0 为 ON 时，T0 开始定时，3 000 s 后 T0 定时时间到，其常开触点闭合，计数器 C0 计数 1 次，下个扫描周期内 T0 常闭触点断开而使 T0 线圈自动复位，再一个扫描周期时，其常闭触点接通，T0 线圈重新通电再次延时。T0 如此周而复始地工作，产生的脉冲列送给 C0 计数，计满 30 000 个数（即 25 000 h）后，Y0 通电。当 X0 变为 OFF 时，T0 及 Y0 断电。从分析中可以看出，图 2-23 中最上面一行电路相当于一个脉冲周期为 T0 设定值的信号发生器。

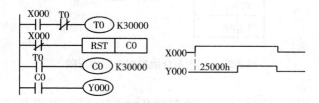

图 2-23　定时器与计数器组合电路

3. 梯形图设计的基本原则

①在画梯形图时，不能将触点放在线圈的右边，只能放在线圈的左边；同时线圈画在最右边且不能直接与起始母线相连，如图 2-24 所示。

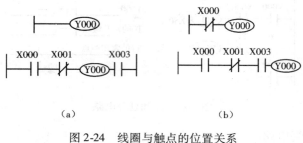

（a）　　　　　　　　　　　　（b）

图 2-24　线圈与触点的位置关系
（a）错误　（b）正确

②如果电路结构比较复杂，可重复使用一些触点画出它的等效电路，以便于编程及看清电路的控制关系，如图 2-25 所示。

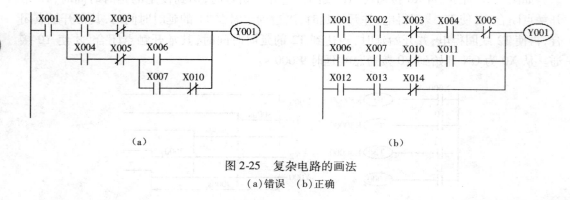

（a）　　　　　　　　　　　　（b）

图 2-25　复杂电路的画法
（a）错误　（b）正确

③有几个串联支路相并联时，应将触点多的支路放在梯形图的上面；有几个并联电路串

联时,应将触点多的并联支路放在梯形图左边。这样所编的程序简洁明了,使用的指令较少,如图 2-26 所示。

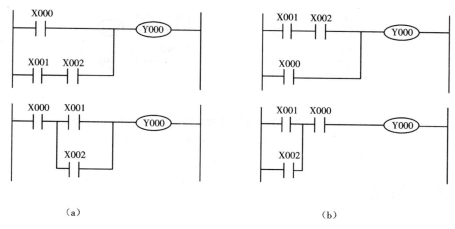

（a）   （b）

图 2-26　电路块串联和并联的处理
（a）错误　（b）正确

④桥式电路不能直接编程,即触点应画在水平线上,不能画在垂直线上,不包含触点的分支应画在垂直分支上,如图 2-27 和图 2-28 所示。

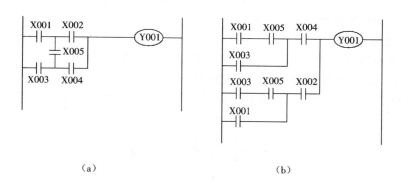

（a）   （b）

图 2-27　触点应画在水平线上
（a）错误　（b）正确

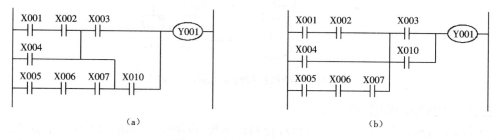

（a）   （b）

图 2-28　分支应画在垂直线上
（a）错误　（b）正确

⑤在同一个程序中,相同编号的线圈只能出现一次,但相同编号的触点可以重复多次使用,如图 2-29 所示。

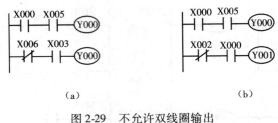

图 2-29　不允许双线圈输出
（a）错误　（b）正确

2.2　入门演练

任务 1　PLC 指挥单台电动机按时间要求运行

一、任务要求

应用 PLC 实现单台电动机按时间要求运行。

要求:按下按钮 SB2,电动机得电运行;10 s 后,电动机自动停止;在电动机运行时,也可按下停止按钮 SB1,使电动机停止运行。

二、控制任务分析

图 2-30 是采用继电器 – 接触器控制方式实现以上控制要求的电路。根据控制要求,按下按钮 SB2,接触器 KM 的线圈得电,电动机得电运行,同时时间继电器 KT 的线圈也得电,开始计时;10 s 后时间继电器的常闭触点断开,接触器 KM 的线圈断电,电动机停止运行。

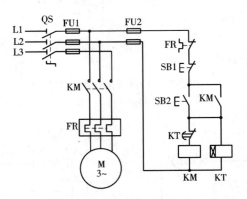

图 2-30　电动机按时间要求运行原理图

三、PLC 的输入/输出分配

经过以上分析,可以看出若采用 PLC 控制该系统,应该有 3 个输入设备,1 个输出设备。注意不要将时间继电器当作输出设备,因为在 PLC 内部利用定时器 T 来定时。可选用 FX$_{2N}$ – 16MR 的 PLC 进行控制。其输入/输出分配如表 2-1 所示。输入/输出接线图与电动机连续运行的接线图一样,如图 1-23 所示。由于其接线图与图 1-23 一样,因此硬件接线也与电动机连续运行的硬件接线图一致,即如图 1-23 所示。

表 2-1　输入/输出分配表

输入			输出		
名称	元件代号	PLC 的 I/O 点	名称	元件代号	PLC 的 I/O 点
停止按钮	SB1	X0	交流接触器	KM	Y0
启动按钮	SB2	X1			
热继电器	FR	X2			

四、程序设计

采用经验设计法设计的参考程序如图 2-31 所示。

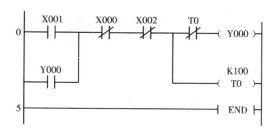

图 2-31　电动机按时间要求运行的梯形图

五、电动机按时间要求运行的安装与调试

1. 电气接线

参照图 1-23 所示电动机按时间要求运行的硬件接线图,将电动机与 PLC 的硬件部分的线路接好。

2. 输入程序

参照"1.2　入门演练"任务 1 中的安装调试步骤 1～5 步,将设计好的梯形图输入编程软件,并写入 PLC 的存储器中。

3. 程序调试

按下启动按钮 SB2,输入继电器 X1 指示灯亮,输出继电器 Y0 得电,Y0 指示灯亮,同时将信号送给外部负载——接触器 KM 的线圈,接触器 KM 的线圈得电,触点闭合,电动机得电运行;同时定时器 T0 的线圈也得电,计时开始,10 s 后 T0 的常闭触点断开,输出继电器 Y0 的线圈失电,电动机停止运行。当电动机在运行时,按下停止按钮 SB1,电动机也停止运行。

任务 2　PLC 指挥三台电动机的顺序启动

一、任务要求

如图 2-32 所示,三台电动机按顺序依次启动,当按下按钮 SB2 时,电动机 M1 启动;M1 启动后,电动机 M2 才可以启动;电动机 M2 启动后,电动机 M3 才有可能启动;电动机 M2 和 M3 可自行停止。

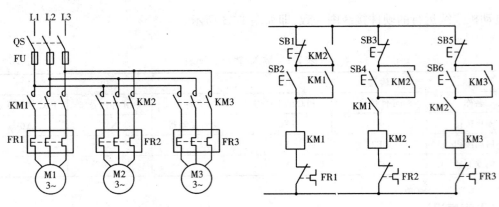

图 2-32　三台电动机顺序启动

二、PLC 的输入/输出分配

经过分析,可以看出若采用 PLC 控制该系统,该电路应该有 6 个输入设备、3 个输出设备。由于输入设备较多,将热继电器的触点放在 PLC 的外部硬件接线中。其输入/输出分配如表 2-2 所示。

表 2-2　输入/输出分配表

输入			输出		
名称	元件代号	PLC 的 I/O 点	名称	元件代号	PLC 的 I/O 点
M1 停止按钮	SB1	X0	交流接触器	KM1	Y0
M1 启动按钮	SB2	X1	交流接触器	KM2	Y1
M2 停止按钮	SB3	X2	交流接触器	KM3	Y2
M2 启动按钮	SB4	X3			
M3 停止按钮	SB5	X4			
M3 启动按钮	SB6	X5			

三、三台电动机顺序启动的硬件接线图

三台电动机顺序启动的硬件接线图如图 2-33 所示,在硬件接线图中可以很明确地看出 PLC 的输入/输出接线图。

四、程序设计

利用经验设计法设计三台电动机顺序启动的梯形图如图 2-34 所示。

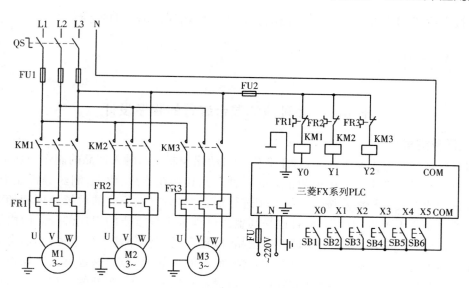

图 2-33　三台电动机顺序启动硬件接线图

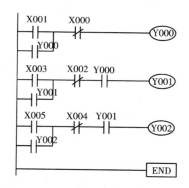

图 2-34　三台电动机顺序启动梯形图

五、三台电动机顺序控制的安装与调试

1. 电气接线

参照图 2-33 所示三台电动机顺序启动的硬件接线图,将三台电动机与 PLC 的硬件部分的线路接好。

2. 输入程序

参照"1.2　入门演练"任务 1 中的安装调试步骤 1~5 步,将设计好的梯形图输入编程软件,并写入 PLC 的存储器中。

3. 程序调试

按下启动按钮 SB2,输出继电器 Y0 得电,同时将信号送给外部负载——接触器 KM1 的线圈,接触器 KM1 的线圈得电,电动机 M1 得电运行;Y0 的常开触点闭合,使输出继电器 Y1 可以随时得电,当按下按钮 SB4 时,输出继电器 Y1 得电,将信号输出给接触器 KM2,电动机 M2 得电启动运行,同时 Y1 的常开触点闭合,使输出继电器 Y2 可以随时得电,当需要电动机 M3 工作时,按下按钮 SB6 即可,电动机 M3 可以随时停止运行,不影响其他两台电动机的运行。按下按钮 SB3,电动机 M2 停止运行,也不会影响 M1 电动机的运行。

2.3 小试牛刀

任务1 多种液体混合装置的程序设计

一、任务背景

随着科学技术的不断发展,各种工业生产自动化控制逐渐融入产品的制作与加工中,多种原材料自动混合加工是其中最为常见的一种。尤其是在炼油、化工、制药等行业中,经常需要将三种或者更多种溶液按一定的比例进行混合,然后再做相应的后续处理和加工。多种液体混合是必不可少的程序,而且也是其生产过程中十分重要的组成部分。但由于这些行业中多使用易燃易爆、有毒有腐蚀性的物品,以致现场工作环境十分恶劣,不适合人工现场操作。另外,生产要求该系统要具有配料精确、控制可靠等特点,这也是人工操作和半自动化控制所难以实现的。在传统的继电器 – 接触器控制系统中,溶液的过程控制系统很难保证对混合液体中的各种成分的含量进行精确控制。采用 PLC 来控制整个溶液混合过程控制系统,大大提高了各种成分含量的控制效率,提高了生产效率,同时自动化程度得到了很大的提高。

二、任务要求

某多种液体混合装置如图 2-35 所示,利用经验设计法设计梯形图以实现如下要求。

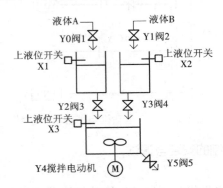

图 2-35　多种液体混合装置示意图

①在初始状态时,3 个容器都是空的,所有的阀均关闭,搅拌器未运行。

②当按下启动按钮时,阀 1 和阀 2 得电打开,注入液体 A 和液体 B。

③当两个容器的上液位开关各自检测到液体时,则各自停止进料,同时打开各自的放料阀 3 和阀 4 开始放料。

④当最下面容器上面的液位开关检测到液体时,则阀 3 和阀 4 关闭,放料完毕,同时搅拌电动机开始工作。

⑤1 min 后停止搅拌,放料阀 5 打开,开始放料,10 s 后放料结束。

三、PLC 的输入/输出分配

根据上述控制要求,可以分析出该控制系统需要 PLC 控制 5 个放料电磁阀的通断电和

1 台电动机的单向连续运行,因此该系统总共有 6 个输出信号。PLC 的输入信号有启动按钮、停止按钮和 3 个液位开关,共 5 个输入信号。其输入/输出分配如表 2-3 所示。

表 2-3　输入/输出分配表

输入			输出		
名称	元件代号	PLC 的 I/O 点	名称	元件代号	PLC 的 I/O 点
上液位开关 1	SQ1	X1	放料电磁阀 1	YA1	Y0
上液位开关 2	SQ2	X2	放料电磁阀 2	YA2	Y1
上液位开关 3	SQ3	X3	放料电磁阀 3	YA3	Y2
启动按钮	SB1	X4	放料电磁阀 4	YA4	Y3
停止按钮	SB2	X5	交流接触器	KM	Y4
			放料电磁阀 5	YA5	Y5

输入/输出外部接线图如图 2-36 所示。

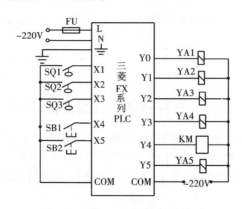

图 2-36　输入/输出外部接线图

四、程序设计

根据控制要求,利用经验设计法设计的多种液体混合装置的梯形图如图 2-37 所示。

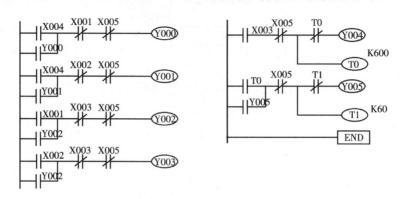

图 2-37　多种液体混合装置的梯形图

任务2 多种液体混合装置的安装与调试

1. 电气接线

参照图 2-36 的输入/输出外部接线图,将输入/输出设备(电子式液位开关、按钮、接触器和放料电磁阀)与 PLC 的输入/输出接口的线路接好。

2. 输入程序

参照"1.2 入门演练"任务 1 中的安装调试步骤 1~5 步,将设计好的梯形图输入编程软件,并写入 PLC 的存储器中。

3. 程序调试

按下启动按钮 SB1,输出继电器 Y0 和 Y1 得电,同时将信号送给外部负载——放料电磁阀 YA1 和 YA2,放料电磁阀打开,开始加液体 A 和液体 B,当达到各自的液位开关时,电磁阀 YA1 和 YA2 关闭,输出继电器 Y2 和 Y3 得电,将信号送给放料电磁阀 YA3 和 YA4,开始往最下面的容器放液体,达到液位开关 3 后关闭电磁阀 YA3 和 YA4,同时输出继电器 Y4 得电,与输出继电器 Y4 相连的 KM 得电,电动机得电开始搅拌,1 min 后电动机停止搅拌,输出继电器 Y5 得电,开始放料,10 s 后放料结束、Y5 断电。

在调试过程中出现异常或不满足要求时,需调试程序,直到运行符合要求。

2.4 举一反三

任务 三种液体混合装置的设计

图 2-38 为三种液体混合装置的示意图,SQ1、SQ2、SQ3 为液位传感器,被液面淹没时接通,三种液体的流入和混合液体的流出分别由阀 YA1、YA2、YA3、YA4 控制,M 为搅拌电动机。利用经验设计法设计梯形图,并调试成功。该液体混合装置需要完成的动作如下。

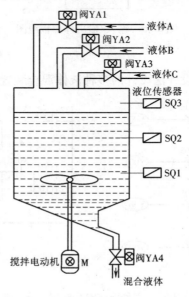

图 2-38 三种液体混合装置的示意图

　　①初始状态:当投入运行时,控制液体 A、B 和 C 的阀门 YA1、YA2 和 YA3 关闭,混合液体阀门 YA4 打开 20 s,将装置内残余液体放空后关闭。

　　②启动操作:按下启动按钮 SB1,控制液体 A 的阀门打开,液体 A 流入装置,当液面升高到 SQ1 位置时,关闭阀门 YA1,打开控制液体 B 的阀门 YA2;当液面升高到 SQ2 位置时,关闭阀门 YA2,打开控制液体 C 的阀门 YA3;当液面升高到 SQ3 位置时,关闭阀门 YA3,搅拌电动机开始转动;电动机工作 60 s 后,停止运转,阀门 YA4 打开,开始放出混合液体。当液面下降到 SQ1 时,SQ1 由接通变为断开,再经过 20 s 后,混合液体放空,阀门 YA4 关闭,开始下一周期操作。

　　③停止操作:按下停止按钮 SB2 后,在当前的混合操作周期处理完毕后,才停止操作,回到初始状态。

项目三　交通信号灯的控制

 学习目标

【知识目标】

1. 了解辅助继电器(M)的原理及应用。
2. 掌握三菱 FX$_{2N}$ 系列 PLC 的基本指令(三)。

【能力目标】

1. 能够利用辅助继电器(M)进行相关程序的设计。
2. 能够利用基本指令实现梯形图的转换。
3. 会编程、调试实现交通信号灯系统的控制。

3.1　项目介绍

一、项目背景

交通信号灯的作用是对平面交通路口各方向同时到达的车辆、行人交通流分配最有效的通行权,在时间上将互相冲突的交通流进行短暂分离,以便有效地通过路口。交通灯是按照一定的控制顺序,在交叉路口的每个方向上通过红、黄、绿三色灯循环显示来指挥交通的。绿灯亮时,准许车辆通行;黄灯亮时,已越过停止线的车辆可以继续通行;红灯亮时,禁止车辆通行。

19 世纪初,在英国中部的约克城,红、绿装分别代表女性的不同身份。其中,着红装的女人表示已结婚,而着绿装的女人则是未婚者。于是人们受到红、绿装的启发,发明了交通信号灯。1868 年 12 月 10 日,"信号灯家族"的第一个成员就在伦敦议会大厦的广场上诞生了,由当时英国机械师德·哈特设计、制造的交通信号灯灯柱高 7 m,灯柱上挂着一盏红绿两色的提灯——煤气交通信号灯,这是城市街道的第一盏信号灯,如图 3-1(a)所示。在灯的下方,一名手持长杆的警察随心所欲地牵动皮带转换提灯的颜色。此后交通事故果然大大减少,红绿灯也渐渐地被许多国家采用。

随着各种交通工具的发展和交通指挥的需要,第一盏名副其实的三色灯(红、黄、绿三种标志)于 1918 年诞生。它是三色圆形四面投影器,被安装在纽约市五号街的一座高塔上,它的诞生使城市交通大为改善。黄色信号灯的发明者是我国的胡汝鼎,他怀着"科学救国"的抱负到美国深造,在大发明家爱迪生为董事长的美国通用电气公司任职员。一天,他站在繁华的十字路口等待绿灯信号,当他看到红灯而正要过去时,一辆转弯的汽车呼的一声擦身而过,吓了他一身冷汗。回到宿舍,他反复琢磨,终于想到在红、绿灯中间再加上一个黄色信号灯,提醒人们注意安全。他的建议立即得到有关方面的肯定。于是红、黄、绿三色信号灯即以一个完整的指挥信号家族,遍及全世界陆、海、空交通领域了。

全世界各式各样的交通灯如图 3-1 所示。

图 3-1　全世界各式各样的交通灯

（a）世界最早的交通灯　（b）中国最早的交通灯　（c）美国图解式交通灯
（d）纽约街头的红灯——"爱"的手势　（e）英国伦敦的交通树

二、项目要求

利用 PLC 编程实现十字路口交通信号灯的控制（图 3-2），具体要求如下：按下按钮 SB1，南北方向红灯 HL1 亮维持 25 s，同时东西方向绿灯 HL2 亮 20 s 后闪亮 2 s 灭，东西方向黄灯 HL3 亮 3 s；然后东西方向红灯 HL4 亮维持 30 s，同时南北方向绿灯 HL5 亮 25 s 后闪亮 2 s 灭，南北方向黄灯 HL6 亮 3 s，如此自动循环。

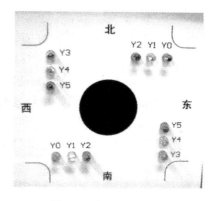

图 3-2　交通灯示意图

3.2　必备知识

一、辅助继电器 M 的认识

辅助继电器 M 相当于继电器－接触器控制电路的中间继电器,经常用于状态暂存、移位运算等中间运算处理。辅助继电器 M 线圈和触点的状态和输出继电器一样,只能由程序驱动。每个辅助继电器也有无数对常开、常闭触点供编程使用。辅助继电器 M 的触点在 PLC 内部编程时可以任意使用,但它不能直接驱动负载,外部负载必须由输出继电器的输出触点来驱动。辅助继电器 M 可分为以下三类。

1. 通用辅助继电器

三菱 FX$_{2N}$ 系列 PLC 的通用辅助继电器采用十进制地址编号,编号为 M0 ~ M499,共 500 个。编程时每个通用辅助继电器的线圈仍由 OUT 指令驱动,其触点的状态取决于线圈的通和断。通用辅助继电器 M 的应用如图 3-3 所示。

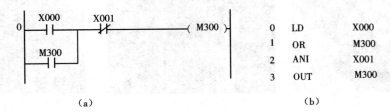

图 3-3　通用辅助继电器 M 的应用
(a)梯形图　(b)指令语句

2. 断电保持辅助继电器

断电保持辅助继电器用于保存停电瞬间的状态,并在来电后继续运行。断电保持辅助继电器由 PLC 内装的后备锂电池供电。PLC 在运行中发生停电,输出继电器和通用辅助继电器全变为断开状态,而断电保持辅助继电器在电源中断时能够保持它们原来的状态不变。

三菱 FX$_{2N}$ 系列 PLC 有 M500 ~ M1023 共 524 个断电保持辅助继电器,此外还有 M1024 ~ M3071 共 2 048 个断电保持专用辅助继电器。

3. 特殊辅助继电器

在 PLC 内部有一些被赋予特定功能的辅助继电器,称为特殊辅助继电器。三菱 FX$_{2N}$ 系列 PLC 有 M8000 ~ M8255 共 256 个特殊辅助继电器,分为只读式和读写式两大类。只读式特殊辅助继电器用户只能在程序中利用其触点,不能驱动;读写式特殊辅助继电器用户可以在程序中驱动,并可以读取其状态。下面介绍几种常用的特殊辅助继电器。

(1)只读式特殊辅助继电器

只读式特殊辅助继电器为只能利用其触点的特殊辅助继电器线圈,由 PLC 自动驱动,用户只可利用其触点。

M8000——运行监控用,PLC 运行时 M8000 自动处于接通状态,当 PLC 停止运行时,M8000 处于断开状态。

M8002——初始化脉冲,在 PLC 运行开始的瞬间,M8002 的触点仅闭合一个扫描周期就断开。

M8002 和 M8000 指令的应用如图 3-4 所示。

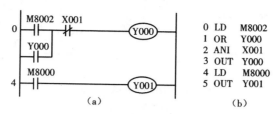

图 3-4　M8000 和 M8002 辅助继电器的应用
(a)梯形图　(b)指令语句

M8012 为产生 100 ms 时钟脉冲的辅助继电器,M8013 为产生 1 s 时钟脉冲的辅助继电器。

(2)读写式特殊辅助继电器

读写式特殊辅助继电器为可驱动线圈型特殊辅助继电器,用户激励线圈后,PLC 做特定动作。

M8030 为锂电池电压指示灯特殊辅助继电器,当锂电池电压跌落时,M8030 动作指示灯亮,提醒维修人员需要赶快更换锂电池。

M8033 为 PLC 停止时输出保持特殊辅助继电器。

M8034 为禁止全部输出继电器,在执行程序时,一旦 M8034 接通,则所有输出继电器的输出自动断开,使 PLC 禁止所有输出。但此时,PLC 内部的程序仍正常执行,并不受影响。M8034 的应用如图 3-5 所示。

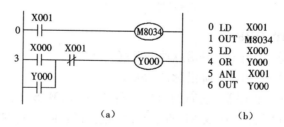

图 3-5　M8034 辅助继电器的应用
(a)梯形图　(b)指令语句

需要说明的是未定义的特殊辅助继电器不可在用户程序中使用。

二、三菱 FX_{2N} 系列 PLC 的基本指令(三)

1. 取脉冲指令 LDP、LDF

LDP 为取脉冲上升沿有效,指在输入信号的上升沿到达时接通一个扫描周期。

LDF 为取脉冲下降沿有效,指在输入信号的下降沿到达时接通一个扫描周期。

这两条指令的目标元件为 X、Y、M、S、T、C,应用如图 3-6 所示。使用 LDP 指令,元件 Y0 仅在 X0 的上升沿时接通一个扫描周期。使用 LDF 指令,元件 Y1 仅在 X1 的下降沿时接通一个扫描周期。

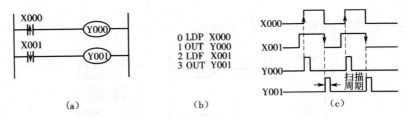

图 3-6 LDP、LDF 指令的应用

(a)梯形图 (b)指令语句 (c)时序图

2. 与脉冲指令 ANDP、ANDF

ANDP 为与脉冲上升沿,用于上升沿脉冲的串联。

ANDF 为与脉冲下降沿,用于下降沿脉冲的串联。

这两条指令都占两个程序步,它们的目标元件为 X、Y、M、S、T、C,应用如图 3-7 所示。使用 ANDP 指令,元件 M1 仅在 X2 处于高电平状态,X3 的上升沿到达时接通一个扫描周期。使用 ANDF 指令,元件 Y1 仅在 X6 处于高电平状态,X7 的下降沿到达时接通一个扫描周期。

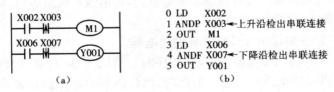

图 3-7 ANDP、ANDF 指令的应用

(a)梯形图 (b)指令语句

3. 或脉冲指令 ORP、ORF

ORP 为或上升沿脉冲,用于上升沿脉冲的并联。

ORF 为或下降沿脉冲,用于下降沿脉冲的并联。

这两条指令都占两个程序步,它们的目标元件为 X、Y、M、S、T、C,应用如图 3-8 所示。使用 ORP 指令,元件 M0 仅在 X0 或 X1 的上升沿到达时接通一个扫描周期。使用 ORF 指令,元件 Y0 仅在 X4 或 X5 的下降沿到达时接通一个扫描周期。

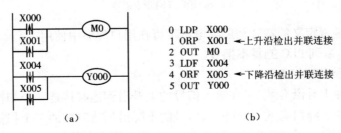

图 3-8 ORP、ORF 指令的应用

(a)梯形图 (b)指令语句

4. 脉冲输出指令 PLS、PLF

PLS 为在输入信号的上升沿产生脉冲输出。

PLF 为在输入信号的下降沿产生脉冲输出。

这两条指令都占两个程序步,它们的目标元件是 Y 和 M,但特殊辅助继电器不能作为目标元件,应用如图 3-9 所示。使用 PLS 指令,元件 Y、M 仅在驱动输入接通后的一个扫描周期内动作(置 1)。使用 PLF 指令,元件 Y、M 仅在输入断开后的一个扫描周期内动作。

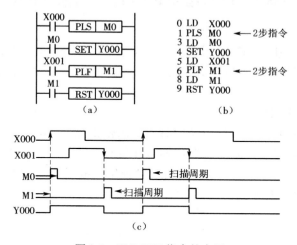

图 3-9　PLS、PLF 指令的应用
(a)梯形图　(b)指令语句　(c)时序图

5. 空操作指令 NOP

NOP 为空操作指令,该指令是一条无动作、无目标元件、占一个程序步的指令。空操作指令使该步程序作为空操作。用 NOP 指令替代已写入指令,可以改变电路。在程序中加入 NOP 指令,在改动或追加程序时可以减少步序号的改变。执行完清除用户存储器的操作后,用户存储器的内容全部变为空操作。

6. 取反指令 INV

该指令用于运算结果的取反。当执行该指令时,将 INV 指令之前存在的 LD、LDI 等指令的运算结果反转(由原来 1 变为 0,由原来 0 变为 1)。它不能直接与母线相连,也不能像 OR、ORI 等指令那样单独使用。该指令是一个无操作目标元件指令,占一个程序步。INV 指令的应用如图 3-10 所示,当 X0 断开时,Y0 为 1,如果 X0 接通,则 Y0 为 0。

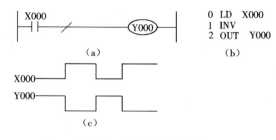

图 3-10　INV 指令的应用
(a)梯形图　(b)指令语句　(c)时序图

3.3 小试牛刀

任务1 PLC 指挥单方向红绿灯的亮和灭

一、任务要求

当按下启动按钮 SB1 时,首先红灯亮 10 s;红灯亮 10 s 后熄灭,黄灯亮 5 s;黄灯亮 5 s 后熄灭,绿灯亮 10 s;绿灯亮 10 s 后熄灭,红灯亮,重复以上过程,直到按下停止按钮 SB2 后停止。

二、PLC 的输入/输出分配

根据控制要求,红灯、黄灯和绿灯按照时间要求依次亮起,编写梯形图可参考梯形图基本环节中的顺序控制环节设计。本任务中输入设备有启动和停止按钮,共 2 个输入设备;输出设备有红灯、黄灯和绿灯,共 3 个输出设备,可选用三菱 FX$_{2N}$ – 16MR 系列的 PLC。具体的输入/输出分配如表 3-1 所示。

表 3-1 输入/输出分配表

输入			输出		
名称	元件代号	PLC 的 I/O 点	名称	元件代号	PLC 的 I/O 点
启动按钮	SB1	X0	红灯	HL1	Y0
停止按钮	SB2	X1	绿灯	HL2	Y1
			黄灯	HL3	Y2

输入/输出外部接线如图 3-11 所示。

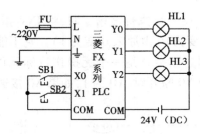

图 3-11 输入/输出外部接线图

三、程序设计

采用经验设计法设计的梯形图如图 3-12 所示。

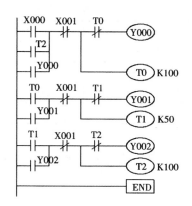

图 3-12 单方向红绿灯运行的梯形图

四、PLC 指挥单方向红绿灯亮和灭的安装与调试

1. 电气接线

参照图 3-11 所示的输入/输出外部接线图,将按钮、红绿灯与 PLC 的输入/输出接口、PLC 的电源的线路接好。

2. 输入程序

参照"1.2 入门演练"任务 1 中的安装调试步骤 1 ~ 5 步,将设计好的梯形图输入编程软件,并写入 PLC 的存储器中。

3. 程序调试

打开三菱的编程软件 FXGP-WIN-C,将图 3-12 所示的梯形图输入软件,编好的梯形图要下载到 PLC 中,将 PLC 运行模式选择开关拨到 RUN 位置,使 PLC 进入运行状态。按照项目一中的安装调试步骤进行程序调试,观察程序运行情况,若出故障,应分别检查电路接线和梯形图是否有误,若进行了修改,应重新调试,直至系统按照要求正常工作,最终实现单方向红绿灯的亮和灭。

任务 2 PLC 指挥单方向红绿灯(黄灯闪烁)的运行

一、任务要求

当按下启动按钮 SB1 时,首先红灯亮 10 s;红灯亮 10 s 后熄灭,黄灯闪亮 5 s;黄灯闪亮 5 s 后熄灭,绿灯亮 10 s;绿灯亮 10 s 后熄灭,红灯亮,重复以上过程,直到按下停止按钮 SB2 后停止。

二、PLC 的输入/输出分配

本任务中输入设备有启动按钮和停止按钮,共 2 个输入设备;输出设备有红灯、黄灯和绿灯,共 3 个输出设备,可选用三菱 FX_{2N} – 16MR 系列的 PLC。具体的输入/输出分配如表 3-2 所示。

表 3-2　输入/输出分配表

输入			输出		
名称	元件代号	PLC 的 I/O 点	名称	元件代号	PLC 的 I/O 点
启动按钮	SB1	X0	红灯	HL1	Y0
停止按钮	SB2	X1	绿灯	HL2	Y1
			黄灯	HL3	Y2

因为输入设备和输出设备与本节的任务 1 完全一样,因此输入/输出外部接线图与任务 1 也是一样的,如图 3-11 所示。

三、程序设计

采用经验设计法设计的梯形图如图 3-13 所示。

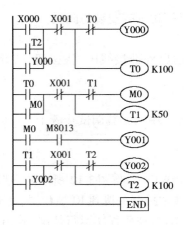

图 3-13　黄灯闪烁梯形图

四、PLC 指挥单方向红绿灯(黄灯闪烁)的安装与调试

1. 电气接线

参照本节任务 1 中的图 3-11 所示的输入/输出外部接线图,将按钮、红绿灯与 PLC 的输入/输出接口、PLC 的电源的线路接好。

2. 输入程序

参照"1.2　入门演练"任务 1 中的安装调试步骤 1 ~ 5 步,将设计好的梯形图输入编程软件,并写入 PLC 的存储器中。

3. 程序调试

将 PLC 运行模式选择开关拨到 RUN 位置,使 PLC 进入运行状态,开始运行和调试程序。打开三菱的编程软件 FXGP-WIN-C,找到程序监控并打开,监控程序的运行情况。按照项目一中的安装调试步骤进行程序调试,观察程序运行情况,若出故障,应分别检查电路接线和梯形图是否有误,若进行了修改,应重新调试,直至系统按照要求正常工作,最终实现单方向红绿灯(黄灯闪烁)的亮和灭。

3.4 大展身手

任务1 交通信号灯控制系统的程序设计

一、PLC 的输入/输出分配

项目的控制要求在"3.1 项目介绍"进行了详细的介绍,根据控制要求,可以分析出该控制系统需要 PLC 控制东西和南北两个方向的红、黄、绿三种颜色的灯,共 12 个红、黄、绿三色灯,由于东西向及南北向的信号相同,实际系统只需控制 6 个输出设备,即 6 个输出信号。PLC 的输入信号只有启动按钮,即 1 个输入信号,考虑今后的设备改进与更新,可选用三菱 FX_{2N} – 32MR 系列的 PLC。具体的输入/输出分配如表3-3 所示,输入/输出外部接线如图 3-14 所示。

表 3-3 输入/输出分配表

输入			输出		
名称	元件代号	PLC 的 I/O 点	名称	元件代号	PLC 的 I/O 点
启动按钮	SB1	X0	南北绿灯	HL1	Y0
			南北黄灯	HL2	Y1
			南北红灯	HL3	Y2
			东西绿灯	HL4	Y3
			东西黄灯	HL5	Y4
			东西红灯	HL6	Y5

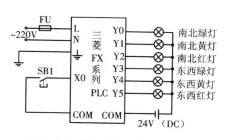

图 3-14 输入/输出外部接线图

二、程序设计

利用经验设计法设计的参考梯形图如图 3-15 所示。

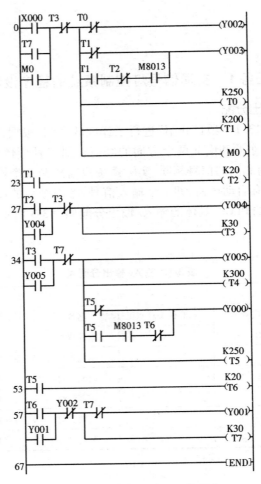

图 3-15　交通灯控制系统梯形图

任务 2　交通信号灯控制系统的安装与调试

1. 电气接线

参照图 3-14 所示的输入/输出外部接线图,将按钮、信号灯与 PLC 的输入/输出接口及 PLC 的电源线的线路接好。

2. 输入程序

参照"1.2　入门演练"任务 1 中的安装调试步骤 1～5 步,将设计好的梯形图(图 3-15)输入编程软件,并写入 PLC 的存储器中。

3. 程序调试

将 PLC 运行模式选择开关拨到 RUN 位置,使 PLC 进入运行状态,开始运行和调试程序。打开三菱的编程软件 FXGP-WIN-C,找到程序监控并打开,监控程序的运行情况。按照项目一中的安装调试步骤进行程序调试,观察程序运行情况,若出故障,应分别检查电路接线和梯形图是否有误,若进行了修改,应重新调试,直至系统按照要求正常工作,最终实现交通信号灯控制系统的控制要求。

3.5 举一反三

任务 交通信号灯的自动与手动混合控制系统的设计

在十字路口的交通灯一般都是采用自动控制,在特殊情况下,也可以根据交通情况改为手动控制。利用经验设计法设计梯形图程序,实现十字路口交通灯的自动与手动混合控制。具体要求如下。

S1 为自动控制开关,S2、S3 分别为南北方向和东西方向的手控开关。

①当合上自动控制开关 S1 后,东西方向绿灯亮 6 s 后熄灭,黄灯闪亮 2 s 后熄灭,红灯亮 8 s 后熄灭,绿灯亮,依次循环;对应东西方向绿灯和黄灯亮时南北方向红灯亮 8 s,接着绿灯亮 6 s 后熄灭,黄灯闪亮 2 s 后熄灭,红灯又亮,依次循环。

②当自动控制开关断开后,合上南北方向手控开关 S2,南北方向绿灯亮,东西方向红灯亮。

③当自动控制开关断开后,合上东西方向手控开关 S3,东西方向绿灯亮,南北方向红灯亮。

项目四　按颜色和材质分配特定
数目的工件自动分拣系统控制

 **学习目标**

【知识目标】

1. 掌握顺序功能图、单序列及选择序列顺序功能图的设计方法。
2. 掌握三菱 FX_{2N} 系列 PLC 的计数器 C 的原理及应用。
3. 了解光电接近开关等检测元件及技术的应用。

【能力目标】

1. 能够运用顺序功能图编写 PLC 程序。
2. 能够理解三菱 FX_{2N} 系列 PLC 的原理,并熟练应用计数器 C 编程。
3. 会选用和安装光电接近开关、电容式或电感式接近开关等电气元件。
4. 根据颜色和材质不同,会利用接近开关检测物体。

4.1　项目介绍

一、项目背景

供料单元的主要结构组成包括:工件装料管、工件推出装置、支撑架、阀组、端子排组件、PLC、急停按钮和启动/停止按钮、走线槽、底板等。其中,机械部分结构组成如图 4-1 所示。

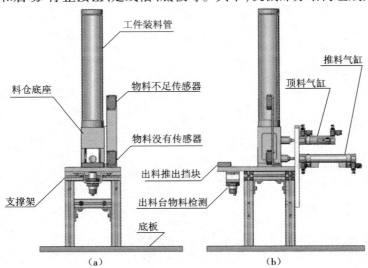

图 4-1　供料单元的机械部分主要结构组成
（a）正视图　（b）右视图

其中,管形料仓和工件推出装置用于储存工件原料,并在需要时将料仓中最下层的工件推出到出料台上。它主要由管形料仓、推料气缸、顶料气缸、磁感性开关、漫射式光电接近开关组成。

二、项目要求

图 4-2 为供料操作示意图,工件垂直叠放在料仓中,推料气缸处于料仓的底层并且其活塞杆可从料仓的底部通过,当活塞杆在退回位置时,它与最下层工件处于同一水平位置,而顶料气缸则与次下层工件处于同一水平位置。在需要将工件推出到出料台上时,首先使夹紧气缸的活塞杆推出,压住次下层工件;然后使推料气缸活塞杆推出,从而把最下层工件推到出料台上。在推料气缸返回并从料仓底部抽出后,再使夹紧气缸返回,松开次下层工件,这样料仓中的工件在重力的作用下,就自动向下移动一个工件,为下一次推出工件做好准备。

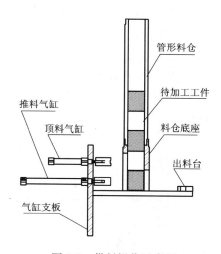

图 4-2　供料操作示意图

在料仓底座和管形料仓第 4 层工件位置,分别安装一个漫射式光电接近开关。它们的功能是检测料仓中有无物料或物料是否足够。若该部分机构内没有工件,则处于底层和第 4 层位置的两个漫射式光电接近开关均处于常态;若仅在底层起有 3 个工件,则底层处光电接近开关动作,而第 4 层处光电接近开关处于常态,表明工件已经快用完了。这样,料仓中有无物料或物料是否足够,就可用这两个光电接近开关的信号状态反映出来。

推料气缸把工件推出到出料台上。出料台面开有小孔,出料台下面设有一个圆柱形漫射式光电接近开关,工作时向上发出光线,从而透过小孔检测是否有工件存在,以便向系统提供本单元出料台有无工件的信号。在输送单元的控制程序中,就可以利用该信号状态来判断是否需要驱动机械手装置来抓取此工件。

4.2　必备知识

一、检测技术知识积累——接近开关

项目中各工作单元所使用的传感器都是接近传感器,它利用传感器对所接近的物体具

有的敏感特性来识别物体的接近,并输出相应开关信号,因此接近传感器通常也称为接近开关。

接近传感器有多种检测方式,包括利用电磁感应引起检测对象的金属体中产生涡电流的方式、捕捉检测体的接近引起的电气信号的容量变化的方式、利用磁石和引导开关的方式、利用光电效应和光电转换器件作为检测元件等。项目中所使用的是磁感应式接近开关(或称磁性开关)、电感式接近开关、漫射式光电接近开关和光纤型光电传感器等。这里只介绍磁性开关、电感式接近开关和漫射式光电接近开关。

1. 磁性开关

项目中所使用的气缸都是带磁性开关的气缸。这些气缸的缸筒采用导磁性弱、隔磁性强的材料,如硬铝、不锈钢等。在非磁性体的活塞上安装一个永久磁铁的磁环,这样就提供了一个反映气缸活塞位置的磁场。而安装在气缸外侧的磁性开关则是用来检测气缸活塞位置,即检测活塞的运动行程的。有触点式的磁性开关用舌簧开关作磁场检测元件。舌簧开关封装于合成树脂块内,并且一般动作指示灯、过电压保护电路也封装在其内。图4-3是带磁性开关气缸的工作原理图。当气缸中随活塞移动的磁环靠近开关时,舌簧开关的两根簧片被磁化而相互吸引,触点闭合;当磁环移开开关后,簧片失磁,触点断开。触点闭合或断开时发出电控信号,在 PLC 的自动控制中,可以利用该信号判断推料及顶料气缸的运动状态或所处的位置,以确定工件是否被推出或气缸是否返回。

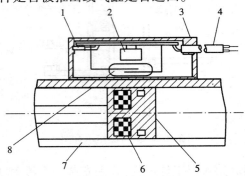

图 4-3　带磁性开关气缸的工作原理图
1—动作指示灯;2—保护电路;3—开关外壳;4—导线;
5—活塞;6—磁环(永久磁铁);7—缸筒;8—舌簧开关

在磁性开关上设置的 LED 用于显示其信号状态,供调试时使用。磁性开关动作时,输出信号"1",LED 亮;磁性开关不动作时,输出信号"0",LED 不亮。磁性开关的安装位置可以调整,调整方法是松开它的紧固螺栓,让磁性开关顺着气缸滑动,到达指定位置后,再旋紧紧固螺栓。

磁性开关有蓝色和棕色 2 根引出线,使用时蓝色引出线应连接到 PLC 输入公共端,棕色引出线应连接到 PLC 输入端。磁性开关的内部电路如图4-4中虚线框内所示。

2. 电感式接近开关

电感式接近开关是利用电涡流效应制造的传感器。电涡流效应是指,当金属物体处于一个交变的磁场中时,在金属内部会产生交变的电涡流,该电涡流又会反作用于产生它的磁场。如果这个交变的磁场是由一个电感线圈产生的,则这个电感线圈中的电流就会发生变化,用于平衡电涡流产生的磁场。

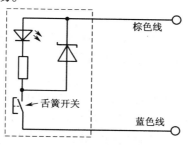

图4-4　磁性开关内部电路

　　利用这一原理,以高频振荡器(LC振荡器)中的电感线圈作为检测元件,当被测金属物体接近电感线圈时产生了涡流效应,引起振荡器振幅或频率的变化,由传感器的信号滤波整流电路(包括检波、放大、整形、输出等电路)将该变化转换成开关量输出,从而达到检测目的。电感式接近传感器工作原理框图如图4-5所示。供料单元中,为了检测待加工工件是否为金属材料,在供料管底座侧面安装了一个电感式传感器,如图4-6所示。

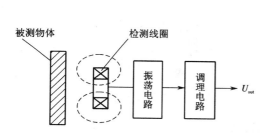

图4-5　电感式传感器工作原理框图

图4-6　供料单元上的电感式传感器

　　在接近开关的选用和安装中,必须认真考虑检测距离、设定距离以保证生产线上的传感器可靠动作。安装距离说明如图4-7所示。

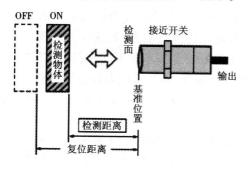

（a）

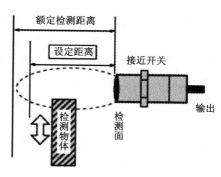

（b）

图4-7　安装距离说明
（a）检测距离　（b）设定距离

3. 漫射式光电接近开关

（1）光电式接近开关

光电传感器是利用光的各种性质,检测物体的有无和表面状态的变化等的传感器。其中输出形式为开关量的传感器为光电式接近开关。

光电式接近开关主要由光发射器和光接收器构成。如果光发射器发射的光线因检测物体不同而被遮盖或反射,到达光接收器的量将会发生变化,光接收器的敏感元件将检测出这种变化,并转换为电气信号,进行输出。大多使用可视光(主要为红色,也用绿色、蓝色来判断颜色)和红外光。按照光接收器接收光的方式的不同,光电式接近开关可分为对射式、反射式和漫射式三种,如图 4-8 所示。

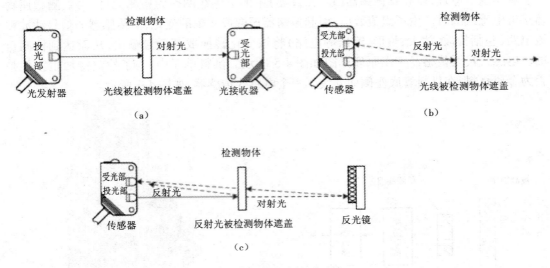

图 4-8　光电式接近开关
(a)对射式　(b)漫射式(漫反射式)　(c)反射式

（2）漫射式光电接近开关

漫射式光电接近开关是利用光照射到被测物体上后被反射回来的光线而工作的,由于物体反射的光线为漫射光,故称为漫射式光电接近开关。它的光发射器与光接收器处于同一侧位置,且为一体化结构。在工作时,光发射器始终发射检测光,若接近开关前方一定距离内没有物体,则没有光被反射到光接收器,接近开关处于常态而不动作;反之若接近开关的前方一定距离内出现物体,只要反射回来的光强度足够,则光接收器接收到足够的漫射光就会使接近开关动作而改变输出的状态。图 4-8(b)为漫射式光电接近开关的工作原理示意图。

供料单元中,用来检测工件不足或工件有无的漫射式光电接近开关选用 OMRON 公司的 E3Z – L61 放大器内置型光电开关或神视公司的 CX – 441 型,这两种光电开关都是细小光束型,NPN 型晶体管集电极开路输出。E3Z – L61 光电开关的外形和顶端面上的调节旋钮和显示灯如图 4-9 所示。

图中动作选择开关的功能是选择受光动作(Light)或遮光动作(Drag)模式。即当此开关按顺时针方向充分旋转时(L 侧),则进入检测 – ON 模式;当此开关按逆时针方向充分旋

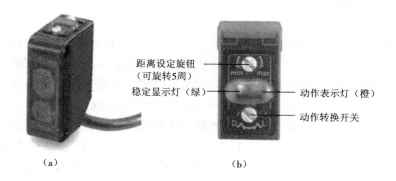

（a）　　　　　　　　　　　　（b）

图 4-9　E3Z – L61 型光电开关的外形和调节旋钮、显示灯

（a）外形　（b）调节旋钮和显示灯

转时（D 侧），则进入检测 – OFF 模式。距离设定旋钮是 5 回转调节器，调整距离时注意逐步轻微旋转，否则若充分旋转距离调节器会空转。调整的方法是：首先按逆时针方向将距离调节器充分旋到最小检测距离（E3Z – L61 型约 20 mm），然后根据要求距离放置检测物体，按顺时针方向逐步旋转距离调节器，找到传感器进入检测条件的点；拉开检测物体距离，按顺时针方向进一步旋转距离调节器，找到传感器再次进入检测状态，一旦进入，向后旋转距离调节器直到传感器回到非检测状态的点。两点之间的中点为稳定检测物体的最佳位置。

　　用来检测出料台上有无物料的光电开关是一个圆柱形漫射式光电接近开关，工作时向上发出光线，从而透过小孔检测是否有工件存在，该光电开关选用 SICK 公司产品 MHT15 – N2317 型，其外形如图 4-10 所示。

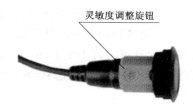

图 4-10　MHT15 – N2317 型光电开关外形

4. 接近开关的图形符号

　　部分接近开关的图形符号如图 4-11 所示，图（a）（b）（c）三种情况均使用 NPN 型三极管集电极开路输出，如果使用 PNP 型，正负极性应相反。

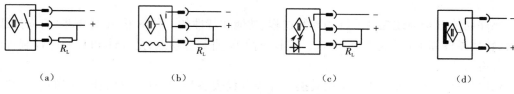

　（a）　　　　　　　　（b）　　　　　　　　（c）　　　　　　　　（d）

图 4-11　接近开关的图形符号

（a）通用符号　（b）电感式接近开关　（c）光电式接近开关　（d）磁性开关

二、PLC 知识积累

（一）顺序控制

所谓顺序控制，就是按照生产工艺所要求的动作规律，在各个输入信号的作用下，根据内部的状态和时间顺序，使生产过程的各个执行机构自动地、有序地进行操作。在顺序控制中，生产过程是按顺序、有步骤地连续工作，因此可以将一个较复杂的生产过程分解成若干步骤，每一步对应生产过程中一个控制任务，也称一个工步（或一个状态）。在顺序控制的每个工步中，都应含有完成相应控制任务的输出执行机构和转移到下一工步的转移条件。

以星形－三角形减压启动运行过程为例来说明顺序控制过程，其顺序控制流程图如图 4-12 所示。按下启动按钮后，电动机以星形启动，启动 5 s 后，电动机自动转入三角形正常运行。

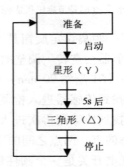

图 4-12　星形－三角形减压启动顺序控制流程图

由图 4-12 可见，每个方框表示一步工序，方框之间用带箭头的统一线段相连，箭头方向表示工序转移的方向。按照生产工艺过程，将转移条件写在线段旁边，若满足转移条件，则上一步工序完成，下一步工序开始。顺序控制流程图具有以下特点。

①将复杂的顺序控制任务或过程分解为若干个工序（或状态），有利于程序的结构化设计。分解后的每步工序（或状态）都应分配一个状态控制元件，以确保顺序控制能按要求进行。

②相对于某个具体的工序，简化了控制任务，使局部编程更方便。每步工序（或状态）都有驱动负载的能力，能使输出元件动作。

③整体程序是局部程序的综合。每步工序（或状态）在满足转移条件时，都会转移到下一步工序，并结束上一步工序。只要清楚各工序成立的条件、转移的条件和转移的方向，就可以进行顺序控制流程图设计。

（二）顺序功能图

顺序功能图是描述控制系统的控制过程、功能和特性的一种图形，主要由步、有向连线、转换、转换条件和动作（或命令）组成。它具有简单、直观等特点，是设计 PLC 顺序控制程序的一种有力工具。

顺序控制功能图设计法是指用转换条件控制代表各步的编程元件，让它们的状态按一定的顺序变化，然后用代表各步的编程元件去控制 PLC 的各输出继电器。

1. 步

将系统的一个周期划分为若干个顺序相连的阶段，这些阶段称为步。步是控制过程中的一个特定状态。步又分为初始步和工作步,在每一步中要完成一个或多个特定的动作。初始步表示一个控制系统的初始状态,所以一个控制系统必须有一个初始步,初始步可以没有具体要完成的动作。

2. 转换条件

步与步之间用有向连线连接,在有向连线上用一个或多个小短线表示一个或多个转换条件。当条件得到满足时,转换得以实现,即上一步的动作结束,下一步的动作才开始,因此不会出现步的动作重叠。当系统正处于某一步时,把该步称为"活动步"。为了确保控制严格地按照顺序执行,步与步之间必须要有转换条件分隔。

状态继电器是构成功能图的重要元件。三菱系列 PLC 的状态继电器元件有 900 点(S0 ~ S899),其中 S0 ~ S9 为初始状态继电器,用于功能图的初始步。

以图 4-13 为例说明功能图。

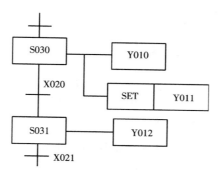

图 4-13　顺序功能图

步用方框表示,方框内是步的元件号或步的名称,步与步之间要用有向线段连接。其中从上到下和从左到右的箭头可以省去不画,有向线段上的垂直短线和它旁边的圆圈或方框是该步期间的输出信号,如需要也可以对输出元件进行置位或复位。当步 S030 有效时,输出 Y010、Y011 接通(在这里 Y010 用 OUT 指令驱动,Y011 用 SET 指令置位,未复位前 Y011 一直保持接通状态),程序等待转换条件 X020 动作。当 X020 满足时,步就由 S030 转到S031,这时 Y010 断开,Y012 接通,Y011 仍保持接通状态。

转换条件是指与转换相关的逻辑命令,可用文字语言、布尔代数表达式或图形符号在短画线旁边标示,使用最多的是布尔代数表达式。

绘制顺序功能图应注意以下几点。

①两个步绝对不能直接相连,必须用一个转换将它们隔开。

②两个转换绝对不能直接相连,必须用一个步将它们隔开。

③初始步必不可少,否则无法表示初始状态,系统也无法返回初始状态。

④自动控制系统应能够多次重复执行同一工艺过程,应组成闭环,即最后一步返回初始步,即单周期或下一周期开始运行的第一步(连续循环)。

⑤只有当上一步是活动步时,该步才可能变成活动步。一般采用无断电保持功能的编程元件代表各步,进入 RUN 工作方式时,它们均处于断开状态,系统无法工作。必须使用初始化脉冲 M8002 的常开作为转换条件,将初始步预置为活动步。

（三）顺序功能图的结构

根据步与步之间进展的不同情况,功能图有三种结构,如图4-14所示。

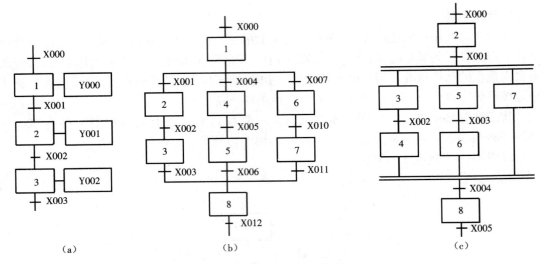

图4-14　顺序功能图的三种结构

(a)单序列　(b)选择序列　(c)并行序列

①单序列:反映按顺序排列的步相继激活这样一种基本的进展情况。

②选择序列:一个活动步之后,紧接着有几个后续步可供选择的结构形式称为选择序列。选择序列的各个分支都有各自的转换条件。

③并行序列:当转换的实现导致几个分支同时激活时,采用并行序列。其有向连线的水平部分用双线表示。

在实际系统中经常使用跳步、重复和循环序列。这些序列实际上都是选择序列的特殊形式,如图4-15所示。

①图4-15(a)所示为跳步序列,当步3为活动步时,若转换条件X005成立,则跳过步4和步5直接进入步6。

②图4-15(b)所示为重复序列,当步6为活动步时,若转换条件X004不成立而X005成立,则重新返回步5,重复执行步5和步6,直到转换条件X004成立,重复结束,转入步7。

③图4-15(c)所示为循环序列,即在序列结束后,用重复的方式直接返回初始步0,形成序列的循环。

（四）学习三菱FX系列PLC计数器(C)

三菱FX$_{2N}$系列计数器分为内部计数器和高速计数器两类。

1. 内部计数器(C0 ~ C234)

内部计数器是在执行扫描操作时对内部信号(如X、Y、M、S、T等)进行计数。内部输入信号的接通和断开时间应比PLC的扫描周期稍长。

（1）16位增计数器

16位增计数器(C0 ~ C199)共200点,其中C0 ~ C99(共100点)为通用型,C100 ~ C199(共100点)为断电保持型(断电保持型即断电后能保持当前值待通电后继续计数)。这类

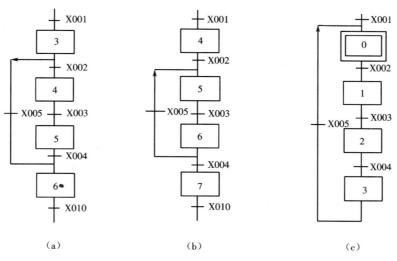

图 4-15　顺序功能图的结构

（a）跳步序列　（b）重复序列　（c）循环序列

计数器为递加计数,应用前先对其设置一设定值,当输入信号（上升沿）个数累加到设定值时,计数器动作,其常开触点闭合、常闭触点断开。计数器的设定值为 1 ~ 32 767（16 位二进制）,设定值除了用常数 K 设定外,还可间接通过指定数据寄存器 D 设定。

下面举例说明通用型 16 位增计数器的工作原理。如图 4-16 所示,X10 为复位信号,当X10 为 1 时 C0 复位。X11 是计数输入,每当 X11 接通一次,计数器当前值增加 1（注意 X10断开,计数器不会复位）。当计数器当前计数值为设定值 10 时,计数器 C0 的输出触点动作,Y0 被接通。此后即使输入 X11 再接通,计数器的当前值也保持不变。当复位输入 X10接通时,执行 RST 复位指令,计数器复位,输出触点也复位,Y0 被断开。

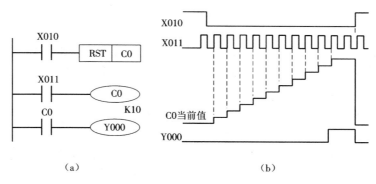

图 4-16　通用型 16 位增计数器工作原理

（a）梯形图　（b）时序图

（2）32 位增/减计数器

32 位增/减计数器（C200 ~ C234）共有 35 点 32 位加/减计数器,其中 C200 ~ C219（共20 点）为通用型,C220 ~ C234（共 15 点）为断电保持型。这类计数器与 16 位增计数器除位数不同外,它还能通过控制实现加/减双向计数。设定值范围均为 - 214 783 648 ~

+214 783 647(32 位)。

C200 ~ C234 是增计数还是减计数,分别由特殊辅助继电器 M8200 ~ M8234 设定。对应的特殊辅助继电器被置为 1 时为减计数,置为 0 时为增计数。

计数器的设定值与 16 位计数器一样,可直接用常数 K 或间接用数据寄存器 D 的内容作为设定值。在间接设定时,要用编号紧连在一起的两个数据计数器。

如图 4-17 所示,X10 用来控制 M8200,X10 闭合时为减计数方式。X12 为计数输入,C200 的设定值为 5(可正、可负)。设 C200 置为增计数方式(M8200 为 0),当 X12 计数输入累加由 4→5 时,计数器的输出触点动作。当前值大于 5 时计数器仍为 1 状态。只有当前值由 5→4 时,计数器才变为 0。只要当前值小于 4,则输出保持为 0 状态。复位输入 X11 接通时,计数器的当前值为 0,输出触点也随之复位。

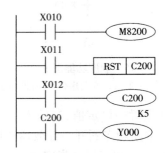

图 4-17　32 位增/减计数器工作原理

2. 高速计数器(C235 ~ C255)

高速计数器与内部计数器相比除允许输入频率高之外,应用也更为灵活,且均有断电保持功能,通过参数设定也可变成非断电保持。FX$_{2N}$ 有 C235 ~ C255 共 21 点高速计数器,适合用来作为高速计数器输入的 PLC 输入端口有 X0 ~ X7。X0 ~ X7 不能重复使用,即某一个输入端已被某个高速计数器占用,它就不能再用于其他高速计数器,也不能用作它用。

高速计数器可分为以下三类。

①单相单计数输入高速计数器(C235 ~ C245),其触点动作与 32 位增/减计数器相同,可进行增或减计数(取决于 M8235 ~ M8245 的状态)。

②单相双计数输入高速计数器(C246 ~ C250),这类高速计数器具有两个输入端,一个为增计数输入端,另一个为减计数输入端。利用 M8246 ~ M8250 的 1/0 动作可监控 C246 ~ C250 的增计数/减计数动作。

③双相高速计数器(C251 ~ C255),A 相和 B 相信号决定计数器是增计数还是减计数。当 A 相为 1 时,B 相由 0 到 1,则为增计数;当 A 相为 1 时,若 B 相由 1 到 0,则为减计数。

注意:高速计数器的计数频率较高,它们的输入信号的频率受两个方面的限制:一是全部高速计数器的处理时间,因为它们采用中断方式,所以计数器用得越少,则可计数频率就越高;二是输入端的响应速度,其中 X0、X2、X3 最高频率为 10 kHz,X1、X4、X5 最高频率为 7 kHz。

4.3　大展身手

任务1　工件自动分拣系统的程序设计

一、任务要求

使用磁感性开关、光电接近开关等传感器,应用 PLC 单流程步进指令控制自动供料站实现步进顺序控制。

控制要求如下:

①按下启动按钮后,顶料气缸前伸顶住次下层工件;

②顶料气缸前伸到位后,推料气缸自动前伸推出工件;

③推料气缸前伸到位后,自动回缩,推出工件完成;

④推料气缸回缩到位后,顶料气缸自动回缩为下一次推出工件做好准备;

⑤顶料气缸回缩到位后,检测出料台是否有工件,如工件被取走后,再次重复上述工作过程;

⑥直至按下停止按钮后,顶料气缸回缩到位后结束。

要求完成如下任务:

①规划 PLC 的输入/输出分配及接线端子分配;

②进行系统安装接线;

③按控制要求编写 PLC 程序;

④进行调试与运行。

二、任务分析

①设备上电和气源接通后,若工作单元的两个气缸均处于缩回位置,且料仓内有足够的待加工工件,则"正常工作"指示灯 HL1 常亮,表示设备准备好;否则,该指示灯以 1 Hz 频率闪烁。

②若设备准备好,按下启动按钮,工作单元启动,"设备运行"指示灯 HL2 常亮。启动后,若出料台上没有工件,则应把工件推到出料台上。出料台上的工件被人工取出后,若没有停止信号,则进行下一次推出工件操作。

③若在运行中按下停止按钮,则在完成本工作周期任务后,各工作单元停止工作,HL2 指示灯熄灭。

④若在运行中料仓内工件不足,则工作单元继续工作,但"正常工作"指示灯 HL1 以 1 Hz 的频率闪烁,"设备运行"指示灯 HL2 保持常亮。若料仓内没有工件,则 HL1 指示灯和 HL2 指示灯均以 2 Hz 频率闪烁,工作站在完成本周期任务后停止。除非向料仓补充足够的工件,工作站不能再启动。

三、PLC 的输入/输出分配

根据工作单元装置的 I/O 信号分配和工作任务的要求,供料单元 PLC 选用 FX_{2N}-32MR 主单元,共 16 点输入和 16 点继电器输出。PLC 的输入/输出分配如表 4-2 所示,外部接线如图 4-18 所示。

表 4-2　输入/输出分配表

输入				输出			
序号	PLC 输入点	信号(元件)名称	信号来源	序号	PLC 输出点	信号(元件)名称	信号来源
1	X0	顶料气缸伸出到位	装置侧	1	Y0	顶料电磁阀	装置侧
2	X1	顶料气缸缩回到位		2	Y1	推料电磁阀	
3	X2	推料气缸伸出到位		3	Y2		
4	X3	推料气缸缩回到位		4	Y3		
5	X4	出料台物料检测		5	Y4		
6	X5	供料不足检测		6	Y5		
7	X6	缺料检测		7	Y6		
8	X7	金属工件检测		8			
9	X10			9	Y7	正常工作指示	按钮/指示灯模块
10	X11			10	Y10	运行指示	
11	X12	停止按钮	按钮/指示灯模块				
12	X13	启动按钮					
13	X14	急停按钮(未用)					
14	X15	工作方式选择					

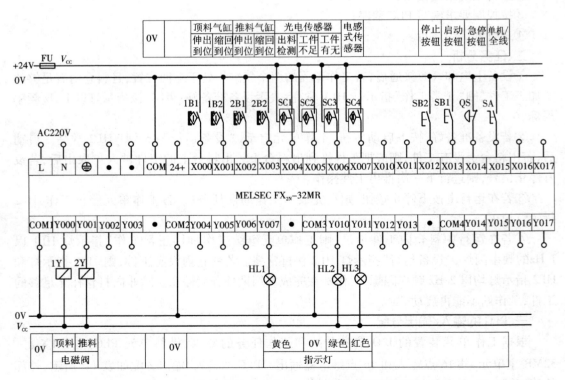

图 4-18　供料单元 PLC 的输入/输出外部接线原理图

四、程序设计

步进指令是顺序控制的一种编程方法,采用步进指令编程时,一般需要以下几个步骤:

①分配 PLC 的输入点和输出点,列出输入点和输出点分配表;

②画出 PLC 的外部接线图;

③根据控制要求,画出顺序控制的状态流程图;

④根据状态流程图,画出相应的梯形图;

⑤根据梯形图,写出对应的指令语句表;

⑥输入程序,调试运行。

参照 PLC 输入/输出分配表及 PLC 外部接线图,根据供料单元步进控制要求,画出供料站顺序控制流程图,如图 4-19 所示。编写对应梯形图如图 4-20 所示。

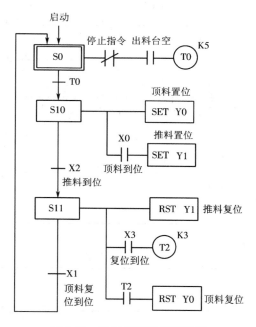

图 4-19　供料控制程序流程图

任务 2　工件自动分拣系统的安装与调试

①调整气动部分,检查气路是否正确、气压是否合理、气缸的动作速度是否合理。

②检查磁性开关的安装位置是否到位、磁性开关工作是否正常。

③检查 I/O 接线是否正确。

④检查光电传感器安装是否合理、灵敏度是否合适,保证检测的可靠性。

⑤运行程序,检查动作是否满足任务要求。

⑥调试各种可能出现的情况,例如在料仓工件不足情况下,系统能否可靠工作;料仓没有工件情况下,能否满足控制要求。

⑦优化程序。

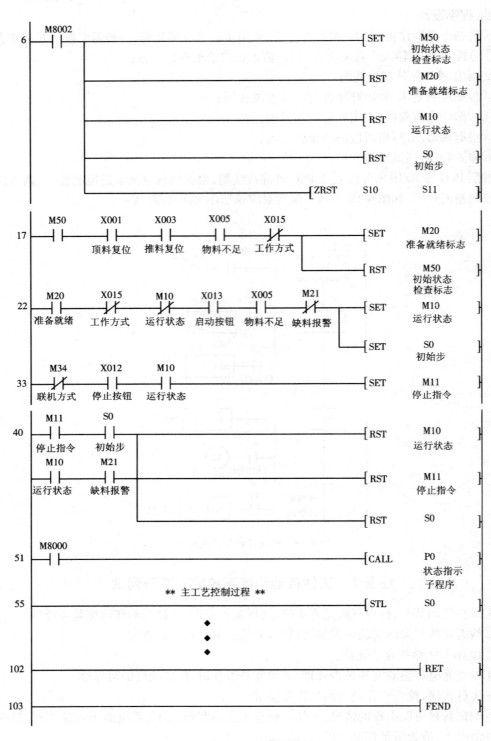

图 4-20　主程序梯形图

4.4　举一反三

任务　自动门系统的控制

一、项目背景及要求

自动门的工作方式是通过自动门内外两侧的感应开关来感应人的出入,当人走近自动门时感应开关(光电传感器)感应到人的存在,给 PLC 一个开门信号,PLC 通过驱动装置将门打开;当人通过之后,再将门关上。

工作要求如下:

①首先按下启动按钮 SB1,当门外传感器 SQ1 检测到有人体信号时,电动机正转,带动自动门执行开门过程;

②当门完全打开之后,使开门限位开关 SQ2 打开,此时自动门停止,进行 8 s 延时;

③当 8 s 的延时完毕后,电动机反转执行关门过程;

④当门完全关闭后,使关门限位开关 SQ2 打开,此时自动门停止。

二、PLC 的输入/输出分配

根据控制要求,可以分析出该控制系统需要 PLC 控制正转接触器和反转接触器,因此该系统总共 2 个输出信号。PLC 的输入信号有启动按钮 SB1、门外的光电传感器 SQ1、开门限位开关 SQ2 和关门限位开关 SQ3,共 4 个输入信号。输入/输出分配如表 4-3 所示。

表 4-3　输入/输出分配表

输入			输出		
名称	元件代号	PLC 的 I/O 点	名称	元件代号	PLC 的 I/O 点
门外的光电传感器	SQ1	X0	正转接触器	KM1	Y0
开门限位开关	SQ2	X1	反转接触器	KM2	Y1
关门限位开关	SQ3	X2			
启动按钮	SB1	X3			

输入/输出外部接线如图 4-21 所示。

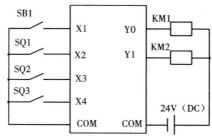

图 4-21　输入/输出外部接线图

三、程序设计

根据控制要求,利用顺序功能图设计出该项目的梯形图程序,如图 4-22 所示。

上面的项目功能显然太简单,并不完全符合实际情况,比较实际的工作要求如下。

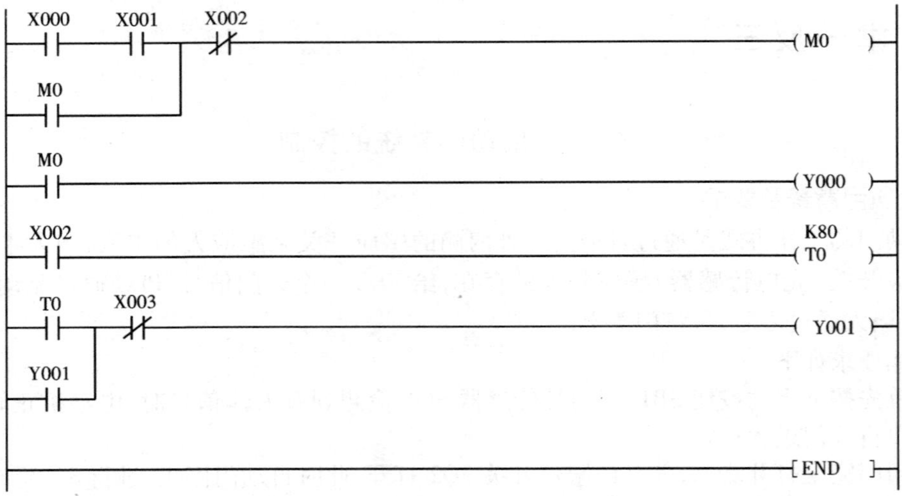

图 4-22　自动门控制系统的梯形图程序

　　①首先按下启动按钮,当传感器检测到有人体信号时,电动机正转,带动自动门执行开门过程。

　　②当门完全打开之后,使开门限位开关打开,此时自动门停止,进行 8 s 延时。若此时感应器重新检测到有人体信号时,则重新进行 8 s 延时。

　　③当 8 s 的延时完毕后,电动机反转执行关门过程。在关门过程中,传感器重新检测到人体信号时,中断关门转向开门过程。

　　④考虑到自动门若出现故障时,使用自动控制系统有所不适,于是设置手动开门和手动关门。

　　要想完善上述功能,需要编写更加复杂的程序,请同学们自行思考该项目的控制方法和 PLC 程序。

项目五 利用 PLC 和变频器实现 皮带的多段速控制

 学习目标

【知识目标】

1. 了解变频器的基本原理。
2. 掌握变频器的参数设定和应用。
3. 掌握 PLC 与变频器配合使用的基本方法。
4. 掌握 PLC 与变频通信的方法。

【能力目标】

1. 会安装变频器的主电路和控制电路。
2. 会设置变频器的参数。
3. 能够利用变频器控制电动机的正反转运行。
4. 能够利用变频器控制电动机进行多段速运行。

5.1 项目介绍

变频器是将固定频率的交流电变换为频率、电压连续可调的交流电的装置。变频器能够根据电动机的实际需要来提供其所需要电源的电压和频率,进而达到节能、调速的目的。变频调速已被公认为是最理想、最有发展前途的调速方式之一,它主要应用在节能、自动化系统及提高工艺水平和产品质量等方面,目前已经在数控机床、纺织、印刷、造纸、冶金、矿山以及工程机械等各个领域得到了广泛应用。

对变频器预设多种运行速度,同时用输入端子进行转换,可使变频器输出不同的频率值,从而使电动机以多种速度运行。这种通过控制频率达到调速目的的功能称为多段速控制功能。在本项目中就是通过应用变频器控制传送带运行,传送带的示意图如图 5-1 所示。本项目的具体要求:应用变频器控制传送带按照表 5-1 设置的频率进行七段速运行,每隔5 s变化一次速度。

表 5-1　七段速度设定值

七段速度	1 段	2 段	3 段	4 段	5 段	6 段	7 段
设定值/Hz	50	30	10	15	40	25	8

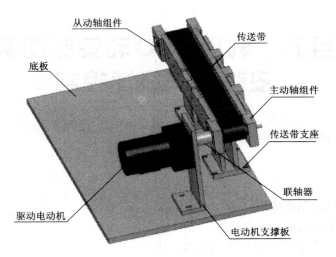

从动轴组件

传送带

底板

主动轴组件

传送带支座

联轴器

驱动电动机

电动机支撑板

图 5-1　传送带示意图

5.2　必备知识

一、PLC 知识积累

1. 状态继电器 S

状态继电器 S 是用于编制顺序控制程序的一种编程元件,它与步进梯形指令配合使用,运用顺序功能图编制高效易懂的程序。状态继电器与辅助继电器一样,有无数对常开和常闭触点,在顺序控制程序内可任意使用。

三菱 FX$_{2N}$ 系列 PLC 内部的状态继电器 S0 ~ S999 共 1 000 点,都用十进制数表示,状态继电器分类如表 5-2 所示。

表 5-2　状态继电器分类

类别	元件编号	个数	用途及特点
初始状态继电器	S0 ~ S9	10	用作顺序功能图的初始状态
回零状态继电器	S10 ~ S19	10	多运行模式控制当中,用作返回原点的状态
通用状态继电器	S20 ~ S499	480	用作顺序功能图的中间状态
掉电保持状态继电器	S500 ~ S899	400	具有停电保持功能,用于停电恢复后需继续执行的场合
信号报警状态继电器	S900 ~ S999	100	用作报警元件使用

说明:

①状态的编号必须在规定的范围内选用;

②各状态元件的触点,在 PLC 内部可以无数次使用;

③不用步进梯形指令时,状态继电器 S 可以作为辅助继电器使用;

④通过参数设置,可改变一般状态元件和掉电保持状态元件的地址分配;

⑤报警用的状态继电器,可用于外部故障诊断的输出。

2. 步进梯形指令的编程方法

（1）步进梯形指令（STL、RET）

步进梯形指令简称为 STL 指令，三菱 FX$_{2N}$ 系列 PLC 内部的步进梯形指令只有两条：步进开始指令 STL 和步进结束指令 RET。

STL 为步进触点指令，用于步进节点驱动，并将母线移至步进节点之后。

RET 为步进返回指令，用于步进程序结束返回，将母线恢复原位，该指令没有操作元件。

STL 和 RET 这两条指令的程序步长均为 1 步。利用这两条指令，可以很方便地编制顺序控制梯形图程序。在步进控制程序中连续状态的转移需要用 SET 指令完成，因此 SET 指令在步进控制程序中必不可少。

步进梯形指令 STL 只有与状态继电器 S 配合才具有步进功能。使用 STL 指令的状态继电器只有常开触点，用符号"—| |—"表示，没有常闭的 STL 触点。STL 指令的应用如图 5-2所示，从图中可以看出顺序功能图与梯形图之间的关系。

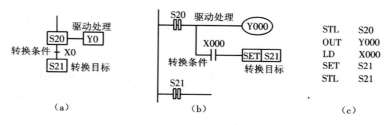

图 5-2　STL 指令的应用

（a）顺序功能图　（b）梯形图　（c）指令语句

用状态继电器代表顺序功能图各步，每一步都具有三种功能：负载的驱动处理、指令转换条件和指令转换目标。

图 5-2 中 STL 指令的执行过程是：当步 S20 为活动步时，S20 的 STL 触点接通，负载 Y0 输出；如果转换条件 X0 满足，后续步 S21 被置位变成活动步，同时前级步 S20 自动断开变成不活动步，输出 Y0 断开。

使用步进梯形指令编程的注意事项。

①使用 STL 指令使新的状态置位，前一状态自动复位。STL 触点接通后，与此相连的电路被执行；当 STL 触点断开时，与此相连的电路停止执行。

②STL 触点与起始母线相连，同一状态继电器的 STL 触点只能使用一次（并行序列的合并除外）。

③与 STL 触点相连的起始触点要使用 LD、LDI 指令。使用 STL 指令后，LD 触点移至 STL 触点右侧，一直到出现下一条 STL 指令或者出现 RET 指令为止。RET 指令使 LD 触点返回起始母线。

④梯形图中同一元件的线圈可以被不同的 STL 触点驱动，即应用 STL 指令时允许双线圈输出。

⑤STL 触点可以直接驱动或通过其他触点驱动 Y、M、S、T 等元件的线圈和功能指令。

⑥STL 触点右边不能使用进栈（MPS）指令。

⑦STL 指令不能与 MC/MCR 指令一起使用。

⑧STL 指令仅对状态继电器有效,当状态继电器不作为 STL 指令的目标元件时,就具有一般辅助继电器的功能。

⑨STL 指令和 RET 指令是一对步进梯形指令(开始和结束)。在一系列步进梯形指令 STL 之后,加上 RET 指令,表明步进梯形指令功能的结束,LD 触点返回到原来母线。

⑩在由 STOP 状态切换到 RUN 状态时,可用初始化脉冲 M8002 来将初始化状态继电器置为 ON,可用区间复位指令(ZRST)来将除初始步以外的其余各步的状态继电器复位。

(2)步进梯形指令的单序列功能图的编程

图 5-3 为某小车的运动示意图,设小车在初始位置时停在右边,限位开关 X2 为 ON,按下启动按钮 X3 后小车向左运动,碰到限位开关 X1 时,变为右行,返回限位开关 X2 处变为左行,碰到限位开关 X0 时变为右行,返回初始位置后停止运动。

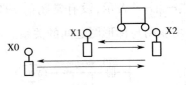

图 5-3　某小车运动示意图

小车的运动周期可以分为一个初始步和四个运动步,分别用 S0、S20 ~ S23 来表示。启动按钮 X3、限位开关 X0、X1、X2 的常开触点是各步之间的转换条件。图 5-4 为该系统的顺序功能图、梯形图和指令语句表。

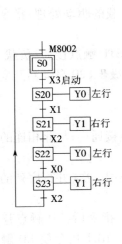

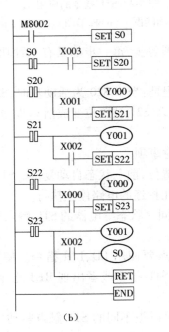

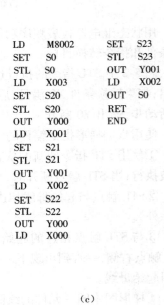

（a）　　　　　　　　　　　　（b）　　　　　　　　　　　　（c）

图 5-4　单序列顺序功能图和梯形图

(a)顺序功能图　(b)梯形图　(c)指令语句

在梯形图的第二行中,S0 的 STL 触点和 X3 的常开触点组成的串联电路代表转换实现的两个条件。当初始步 S0 为活动步,按下启动按钮 X3 时,转换实现的两个条件同时满足,指令 SET S20 被执行,后续步 S20 变为活动步,同时 S0 自动复位为不活动步。S20 的 STL 触点闭合后,该步的负载被驱动,Y0 线圈通电,小车左行。限位开关 X1 动作时,转换条件得到满足,下一步的状态继电器 S21 被置位,同时 S0 被自动复位。系统将这样依次工作下去,直到最后返回到起始位置,碰到限位开关 X2 时,用 OUT S0 指令使 S0 变为 1 并保持,系统返回并停在初始步。

在图 5-4 中梯形图的结束处,一定要使用 RET 指令,使 LD 触点回到起始母线上,否则系统将不能正常工作。

（3）步进梯形指令的选择序列功能图的编程

自动门控制系统控制要求如下:人靠近自动门时,感应器 X0 为 1,Y0 驱动电动机高速开门,碰到开门减速开关 X1 变为减速开门,碰到开门极限开关 X2 时电动机停转,开始延时,若在 0.5 s 内感应检测为无人,Y2 启动电动机高速关门,碰到关门减速开关 X4 时,改为减速关门,碰到关门极限开关 X5 时电动机停转,在关门期间若感应器检测到有人,停止关门,T1 延时 0.5 s 后自动转换为高速开门。

图 5-5 是采用步进梯形指令编程的自动门控制系统的顺序功能图和梯形图。

1）选择序列分支的编程方法

图 5-5 中步 S23 之后有一个选择序列的分支。当 S23 为活动步时,如果转换条件 X0 满足,将转换到步 S25;如果转换条件 X4 满足,将转换到步 S24。

如果某一步的后面有 N 条选择序列的分支,则该步的 STL 触点开始的电路块中应有 N 条分别指明转换条件和转换目标的并联电路。对于图 5-5 中步 S23 之后的这两条支路,有两个转换条件 X4 和 X0,可能进入步 S24 和步 S25,所以在 S23 的 STL 触点开始的电路块中,有两条分别由 X4 和 X0 作为置位条件的串联电路。

2）选择序列合并的编程方法

图 5-5 中步 S20 之前有一个由两条支路组成的选择序列的合并。当 S0 为活动步,转换条件 X0 得到满足时,或者步 S25 为活动步,转换条件 T1 得到满足时,都将使步 S20 变为活动步,同时将步 S0 或步 S25 变为不活动步。

在梯形图中,由 S0 和 S25 的 STL 触点驱动的电路块中均有转换目标 S20,对其置位是用 SET 指令实现的,对相应的前级步的复位是由系统程序自动完成的。在设计梯形图时,没有必要特别留意选择序列的合并如何处理,只要正确地确定每一步的转换条件和转换目标,就能自然地实现选择序列的合并。

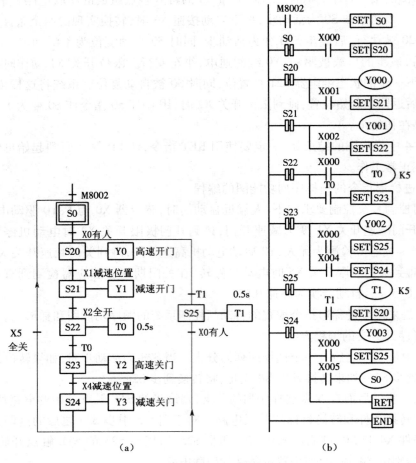

图5-5　选择序列顺序功能图和梯形图

（a）顺序功能图　（b）梯形图

（4）步进梯形指令的并行序列功能图的编程

图5-6所示由 S22～S25 组成的两个单序列是并行工作的,设计梯形图时应保证这两个单序列同时工作和同时结束,即步 S22 和 S24 应同时变为活动步,步 S23 和 S25 应同时变为不活动步。

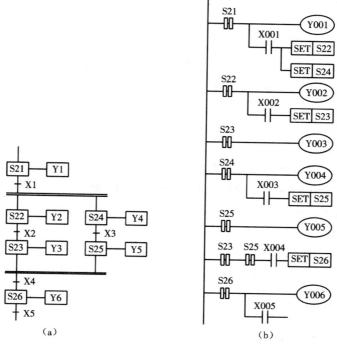

图 5-6 并行序列顺序功能图与梯形图
(a)顺序功能图 (b)梯形图

并行序列分支的处理较简单,在图 5-6 中,当步 S21 是活动步时,且转换条件 X1 满足时,步 S22 和 S24 同时变为活动步,两个序列同时开始工作。在梯形图中,用 S21 的 STL 触点和 X1 的常开触点组成的串联电路来控制 SET 指令对 S22 和 S24 同时置位,同时系统程序将前级步 S21 变为不活动步。

图 5-6 中并行序列合并处的转换有两个前级步 S23 和 S25。根据转换实现的基本规则,当它们均为活动步且转换条件满足时,将实现并行序列的合并。在梯形图中,用 S23 和 S25 的 STL 触点及转换条件 X4 的常开触点组成的串联电路使步 S26 置位变为活动步,同时系统程序将两个前级步 S23 和 S25 变为不活动步。

二、PLC 的工控"兄弟"——变频器

1. 变频器的基本调速原理

三相异步电动机的转速公式为

$$n = (1 - s)\frac{60f}{p}$$

式中 s——转差率;

f——频率;

p——电动机磁极对数。

由上式可知,在电动机磁极对数 p 不变的情况下,转速 n 与频率 f 成正比,只要改变频率,即可改变电动机的转速。当频率 f 在 0~50 Hz 的范围内变化时,电动机转速调节范围

89

非常宽。变频器通过改变电动机电源频率实现速度调节,是一种高效率、高性能的调速手段。

2. 变频器的基本工作原理

变频器的两个主要变换单元是整流器和逆变器,基本工作原理是将电网电压由输入端(R、S、T)输入到变频器,经整流器整流成直流电压,然后通过逆变器将直流电压变换为交流电压,变换后的交流电压频率和电压大小受到控制,由输出端(U、V、W)输出到交流电动机。

3. 变频器的额定值

(1)输入侧的额定值

输入侧的额定值主要是电压和相数。在我国的中小容量变频器中,输入电压的额定值有以下几种:380 ~ 400 V/50 Hz、200 ~ 230 V/50 Hz 或 60 Hz。

(2)输出侧的额定值

①输出额定电压 $U_n(V)$。

②输出额定电流 $I_n(A)$。

③输出额定容量 $S_n(kV \cdot A)$。

④配用电动机功率 $P_n(kW)$。

三、三菱 FR – E740 变频器

1. 三菱 FR – E740 变频器的外形和型号

三菱变频器的型号有 FR – A700、FR – E700、FR – F700、FR – D700 系列。FR – A700 产品属于通用高性能型变频器,适用于各类对负载要求较高的设备,如起重、电梯、印包、印染、材料卷取及其他通用场合,该系列变频器具有高水准的驱动性能。FR – E700 系列属于经济通用型变频器,是可实现高驱动性能的经济型产品,可应用于起重、电梯、包装、机械、抽压机等行业。FR – F700 变频器属于轻载节能型,除了应用在很多通用场合外,特别适合于风机、水泵、空调等行业,除与其他变频器具有相同的常规 PID 控制功能外,并扩充了多泵控制功能。FR – D700 系列产品为简易型多功能产品,多用于起重、电梯、包装、机械、抽压机等行业。本节以三菱经济通用型变频器 FR – E740 为例进行介绍。

FR – E740 – 0.75K – CHT 型变频器属于三菱 FR – E700 系列变频器,该变频器额定电压等级为三相 400 V,适用于功率在 0.75 kW 及以下的电动机。FR – E700 系列变频器的外形和型号的定义如图 5-7 所示。

FR – E700 系列变频器是 FR – E500 系列变频器的升级产品,是一种小型、高性能变频器。两个系列的变频器常用功能基本上是一样的,在学习过程中所涉及的是使用通用变频器所必需的基本知识和技能,着重于变频器的接线、常用参数的设置等方面。

2. 连接三菱 FR – E740 变频器控制电动机的主电路

三菱 FR – E740 型变频器主电路的接线如图 5-8 所示。对图 5-8 有关说明如下。

①端子 P1、P/ + 之间用以连接直流电抗器,不需连接时,两端子间短路。

②端子 P/ + 与 PR 之间连接制动电阻器。

③端子 P/ + 与 N/ – 之间连接制动单元选件。

④交流接触器用作变频器的安全保护,注意不要通过此交流接触器来启动或停止变频

器,否则可能降低变频器寿命。

　　⑤进行主电路接线时,应确保输入、输出端没有接错,即电源线必须连接至 R/L1、S/L2、T/L3,绝对不能接 U、V、W 端,否则会损坏变频器。

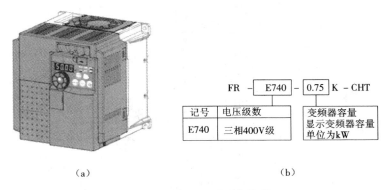

（a）　　　　　　　　　　　　（b）

图 5-7　FR－E700 系列变频器

（a）外形　（b）型号定义

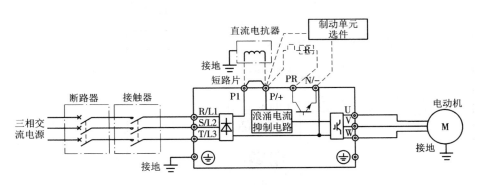

图 5-8　FR－E740 型变频器主电路的接线图

3. 连接三菱 FR－E740 变频器控制电路

　　FR－E740 型变频器控制电路的接线如图 5-9 所示。图中,控制电路端子分为控制输入、频率设定(模拟量输入)、继电器输出(异常输出)、集电极开路输出(状态检测)和模拟电压输出等五部分区域,各端子的功能可通过调整相关参数的值进行变更,在出厂初始值的情况下,各控制电路端子的功能说明见表 5-3、表 5-4 和表 5-5。

91

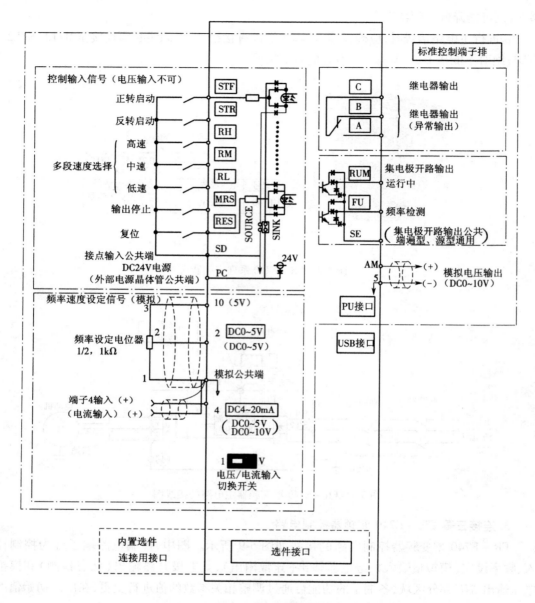

图 5-9　FR－E740 型变频器控制电路接线图

表 5-3　控制电路输入端子的功能说明

种类	端子编号	端子名称	端子功能说明	
接点输入	STF	正转启动	STF 信号 ON 时为正转、OFF 时为停止	STF、STR 信号同时 ON 时变成停止指令
	STR	反转启动	STR 信号 ON 时为反转、OFF 时为停止	
	RH、RM、RL	多段速度选择	用 RH、RM 和 RL 信号的组合可以选择多段速度	
	MRS	输出停止	MRS 信号为 ON(20 ms 或以上)时,变频器输出停止;用电磁制动器停止电动机时用于断开变频器的输出	
	RES	复位	用于解除保护电路动作时的报警输出,请使 RES 信号处于 ON 状态 0.1 s 或以上,然后断开初始设定为始终可进行复位,但进行了 Pr.75 设定后,仅在变频器报警发生时可进行复位,复位时间约为 1 s	
	SD	接点输入公共端(漏型)(初始设定)	接点输入端子(漏型逻辑)的公共端子	
	PC	外部晶体管公共端(源型)	源型逻辑时当连接晶体管输出(即集电极开路输出),例如 PLC 时,将晶体管输出用的外部电源公共端接到该端子,可以防止因漏电引起的误动作	
		DC 24 V 电源公共端	DC 24 V、0.1 A 电源(端子 PC)的公共输出端子,与端子 5 及端子 SE 绝缘	
		外部晶体管公共端(漏型)(初始设定)	漏型逻辑时当连接晶体管输出(即集电极开路输出),例如 PLC 时,将晶体管输出用的外部电源公共端接到该端子,可以防止因漏电引起的误动作	
		接点输入公共端(源型)	接点输入端子(源型逻辑)的公共端子	
		DC 24 V 电源	可作为 DC 24 V、0.1 A 的电源使用	
频率设定	10	频率设定用电源	作为外接频率设定(速度设定)用电位器时的电源使用(按照 Pr.73 模拟量输入选择)	
	2	频率设定(电压)	如果输入 DC 0 ~ 5 V(或 0 ~ 10 V),在 5 V(10 V)时为最大输出频率,输入、输出成正比,通过 Pr.73 可进行 DC 0 ~ 5 V(初始设定)和 DC 0 ~ 10 V 输入的切换操作	
	4	频率设定(电流)	若输入 DC 4 ~ 20 mA(或 0 ~ 5 V,0 ~ 10 V),在 20 mA 时为最大输出频率,输入、输出成正比。只有 AU 信号为 ON 时端子 4 的输入信号才会有效(端子 2 的输入将无效)。通过 Pr.267 进行 4 ~ 20 mA(初始设定)和 DC 0 ~ 5 V、DC 0 ~ 10 V 输入间的切换操作。电压输入(0 ~ 5 V/0 ~ 10 V)时,请将电压/电流输入切换开关切换至"V"	
	5	频率设定公共端	频率设定信号(端子 2 或 4)及端子 AM 的公共端子,请勿接大地	

表 5-4　控制电路接点输出端子的功能说明

种类	端子记号	端子名称	端子功能说明
继电器	A、B、C	继电器输出(异常输出)	指示变频器因保护功能动作时输出停止。异常时,B-C 间不导通(A-C 间导通);正常时,B-C 间导通(A-C 间不导通)
集电极开路	RUM	变频器正在运行	变频器输出频率大于或等于启动频率(初始值 0.5 Hz)时为低电平,已停止或正在直流制动时为高电平
	FU	频率检测	输出频率大于或等于任意设定的检测频率时为低电平,未达到时为高电平
	SE	集电极开路输出公共端	端子 RUM、FU 的公共端子

种类	端子记号	端子名称	端子功能说明
模拟	AM	模拟电压输出	可以从多种监视项中选一种作为输出,变频器复位中不输出;输出信号与监视项的大小成比例;输出项为频率(初始设定)

表 5-5　控制电路网络接口的功能说明

种类	端子记号	端子名称	端子功能说明
RS－485	—	PU 接口	通过 PU 接口,可进行 RS－485 通信 标准规格:EIA－485(RS－485) 传输方式:多站点通信 通信速率:4 800～38 400 bit/s 总长距离:500 m
USB	—	USB 接口	与计算机通过 USB 连接后,可以实现 FR Configurator 的操作 接口:USB1.1 标准 传输速度:12 Mbit/s 连接器:USB 迷你－B 连接器(插座:迷你－B 型)

4. 连接变频器与 PLC

（1）控制要求

电动机控制传送带七段速运行可采用变频器的多段运行来控制,变频器的多段运行信号从图 5-9 可知,通过 PLC 的输出端子提供开关信号控制,即通过 PLC 控制变频器的 RL、RM、RH、STR、STF 与 SD 端子的通和断。其中 RL、RM、RH 控制多段速选择,STR、STF 控制电动机的正反转。PLC 与变频器七段速运行外部接线示意图如图 5-10 所示。

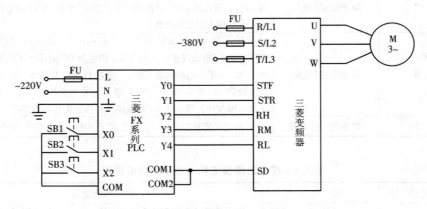

图 5-10　PLC 与变频器七段速运行的外部接线示意图

（2）输入/输出分配

根据系统的控制要求,PLC 的输入/输出分配见表 5-6。

表 5-6　输入/输出分配表

输入			输出		
元件	作用	输入点	元件	作用	输出点
SB1	停止按钮	X0	STF	正转运行信号	Y0
SB2	正转启动	X1	STR	反转运行信号	Y1
SB3	反转启动	X2	RH	高速	Y2
			RM	中速	Y3
			RL	低速	Y4

5.3　小试牛刀

任务　设定三菱 FR – E700 系列变频器的参数

一、认识 FR – E700 系列变频器的操作面板

使用变频器之前,首先要熟悉它的面板显示和键盘操作单元(或称控制单元),并且按使用现场的要求合理设置参数。FR – E700 系列变频器的操作面板如图 5-11 所示,其上半部为面板显示器,下半部为 M 旋钮和各种按键。它们的具体功能分别见表 5-7 和表 5-8。

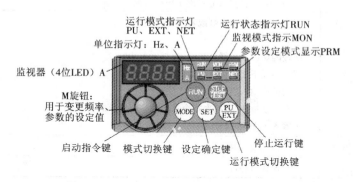

图 5-11　FR – E700 系列变频器的操作面板

表 5-7　旋钮、按键功能

旋钮和按键	功能
M 旋钮	用于变更频率、参数的设定值,按下该旋钮可显示以下内容: ·监视模式时的设定频率 ·校正时的当前设定值 ·报警历史模式时的顺序
模式切换键(MODE)	用于切换各设定模式,和运行模式切换键同时按下也可以用来切换运行模式,长按此键(2 s)可以锁定操作

旋钮和按键	功能
设定确定键(SET)	用于各设定的确定,此外当运行中按此键则监视器出现以下显示: 运行频率 → 输出电流 → 输出电压
运行模式切换键(PU/EXT)	用于切换 PU/外部运行模式。使用外部运行模式(通过另接的频率设定电位器和启动信号启动运行)时请按此键,使表示运行模式的 EXT 指示灯处于亮灯状态。切换至组合模式时,可同时按 MODE 键 0.5 s,或者变更参数 Pr.79
启动指令键(RUN)	在 PU 模式下,按此键启动运行,通过 Pr.40,可以选择旋转方向
停止运行键(STOP/RESET)	在 PU 模式下,按此键停止运转,保护功能(严重故障)生效时,也可以进行报警复位

表 5-8　运行状态显示

显示	功能
运行模式显示	PU:PU 运行模式时亮灯 EXT:外部运行模式时亮灯 NET:网络运行模式时亮灯
监视器(4 位 LED)	显示频率、参数编号等
监视数据单位显示	Hz:显示频率时亮灯 A:显示电流时亮灯 (显示电压时熄灯,显示设定频率监视时闪烁)
运行状态显示 RUN	当变频器动作中亮灯或者闪烁,其中: 亮灯——正转运行中; 缓慢闪烁(1.4 s 循环)——反转运行中。 下列情况下出现快速闪烁(0.2 s 循环): ·按键或输入启动指令都无法运行时; ·有启动指令,但频率指令在启动频率以下时; ·输入了 MRS 信号时
参数设定模式显示 PRM	参数设定模式时亮灯
监视器显示 MON	监视模式时亮灯

二、清除参数

用户在使用变频器前,应先清除以前设置的参数,使参数恢复出厂时设置的值,避免对后面的调试造成影响。如果用户在参数调试过程中遇到问题,并且希望重新开始调试,也可用清除参数操作实现。即在 PU 运行模式下,设定 Pr.CL 和 ALLC 参数均为"1",可使参数恢复为初始值(但如果设定 Pr.77 参数写入选择 = "1",则无法清除)。参数清除操作,需要在参数设定模式下,用 M 旋钮选择参数编号为 Pr.CL 和 ALLC,把它们的值均置为 1,按照如图 5-12 所示的步骤,清除变频器的参数。

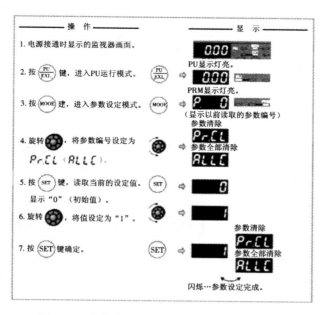

图 5-12　参数清除、参数全部清除的操作示意图

三、更改变频器运行模式

图 5-13 是通过操作面板设定变频器的参数 Pr.79 来更改变频器运行模式的一个例子。该例子把变频器从固定外部运行模式变更为组合运行模式 1。

四、参数的设定

变频器参数的出厂设定值被设置为完成简单的变速运行。如需按照负载和操作要求设定参数,则应进入参数设定模式,先选定参数号,然后设置其参数值。设定参数分两种情况,一种是停机 STOP 方式下重新设定参数,这时可设定所有参数;另一种是在运行时设定,这时只允许设定部分参数,但是可以核对所有参数号及参数。图 5-14 是参数设定过程的一个例子,所完成的操作是把参数 Pr.1(上限频率)从出厂设定值 120.0 Hz 变更为 50.0 Hz,假定当前运行模式为外部/PU 切换模式(Pr.79 =0)。

五、常用参数设置

FR – E700 系列变频器有几百个参数,实际使用时,只需根据使用现场的要求设定部分参数,其余按出厂设定即可。下面根据分拣单元工艺过程对变频器的要求,介绍一些常用参数的设定。

1. 转矩提升(Pr.0)

此参数主要用于设定电动机启动时的转矩大小,设定参数是通过补偿电压降以改善电动机在低速范围的转矩降。假定基底频率电压为 100% ,用百分数(%)设定 0 Hz 时的电压。设定过大将导致电动机过热,设定过小启动转矩不够,基本原则是最大值大约为 10% 。该参数的意义如图 5-15 所示。

2. 输出频率的限制(Pr.1、Pr.2、Pr.18)

为了限制电动机的速度,应对变频器的输出频率加以限制。用 Pr.1(上限频率)和 Pr.2(下限频率)来设定,这两个参数用于设定电动机运转上限频率和下限频率的参数,可以将

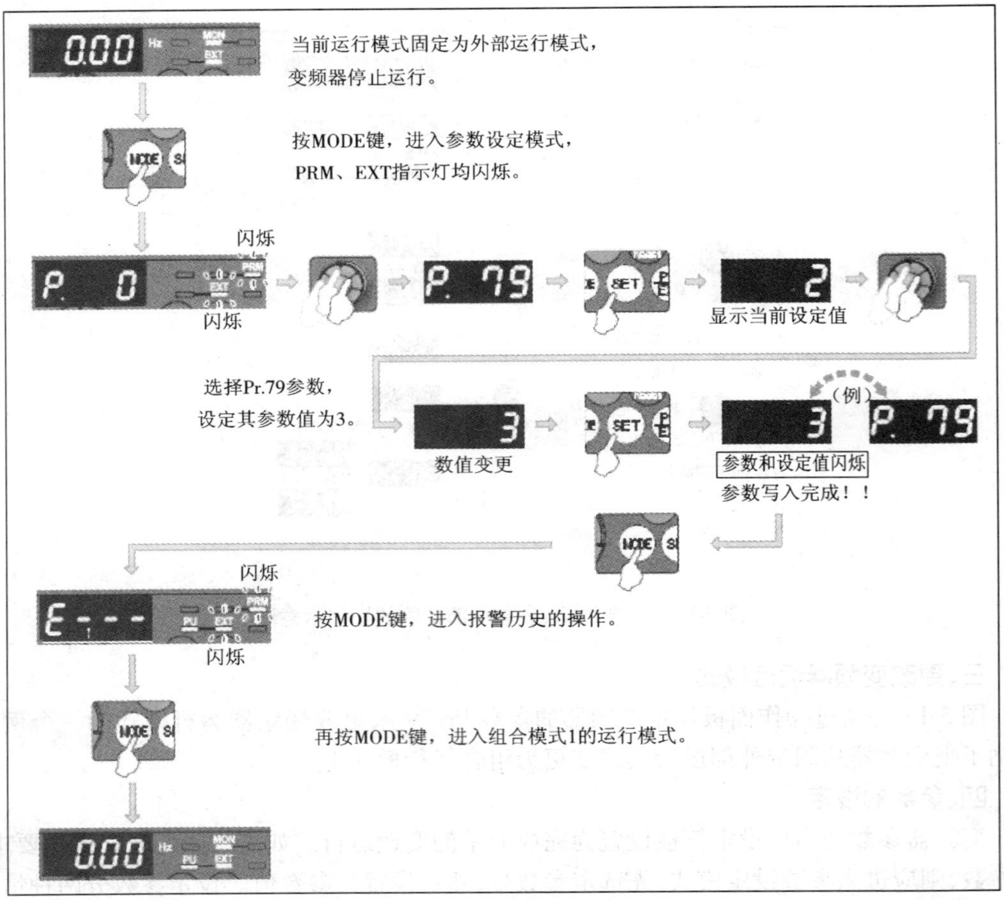

图 5-13　变频器的运行模式变更的例子

输出频率的上限和下限进行钳位。电动机的运行频率就在此范围内设定。当在 120 Hz 以上运行时,用参数 Pr.18(高速上限频率)设定高速输出频率的上限。

　　Pr.1 与 Pr.2 出厂设定范围为 0 ~ 120 Hz,出厂设定值分别为 120 Hz 和 0 Hz。Pr.18 出厂设定范围为 120 ~ 400 Hz。输出频率和设定频率的关系如图 5-16 所示。

　　3. 加减速时间(Pr.7、Pr.8、Pr.20)

　　加速时间(Pr.7)和减速时间(Pr.8)用于设定电动机加速及减速时间,设定值越大则加、减速所需时间越长,越小则越短。Pr.20 是加、减速基准频率。设置后,加速时间是从 0 到基准频率的时间;减速时间是从基准频率到 0 的时间。各参数具体意义及设定范围如表 5-9 所示,应用如图 5-17 所示。

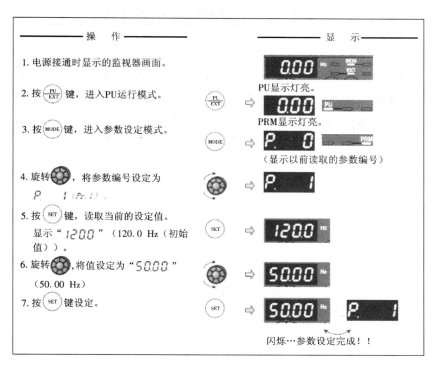

图 5-14　变更参数的设定值示例

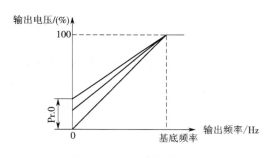

图 5-15　Pr.0 参数意义图

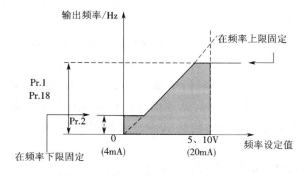

图 5-16　输出频率与设定频率的关系

表 5-9　加减速时间相关参数的意义及设定范围

参数号	参数意义	出厂设定	设定范围	备注
Pr. 7	加速时间	5 s	0 ~ 3 600/360 s	根据 Pr.21 加减速时间单位的设定值进行设定。初始
Pr. 8	减速时间	5 s	0 ~ 3 600/360 s	值的设定范围为 0 ~ 3 600 s,设定单位为 0.1 s
Pr. 20	加/减速基准频率	50 Hz	1 ~ 400 Hz	
Pr. 21	加/减速时间单位	0	0/1	0:0 ~ 3 600 s,单位为 0.1 s 1:0 ~ 360 s,单位为 0.01 s

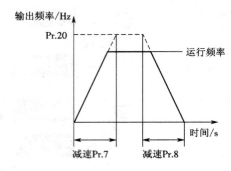

图 5-17　Pr. 7、Pr. 8、Pr. 20 参数意义图

设定说明:

①Pr. 20 在我国就选为 50 Hz;

②Pr. 7 加速时间用于设定从停止到 Pr. 20 加、减速基准频率的加速时间;

③Pr. 8 减速时间用于设定从 Pr. 20 加、减速基准频率到停止的减速时间。

4. 三段速度(高速 Pr. 4、中速 Pr. 5、低速 Pr. 6)及多段速度(Pr. 24 ~ Pr. 27)

变频器在外部操作模式或组合操作模式 2 下,变频器可以通过外接的开关器件的组合通断改变输入端子的状态来实现。这种控制频率的方式称为多段速控制功能。

FR – E740 变频器的速度控制端子是 RH、RM 和 RL,通过这些开关的组合可以实现三段、七段的控制。

转速的切换:由于转速的挡次是按二进制的顺序排列的,故 3 个输入端可以组合成 3 挡至 7 挡(0 状态不计)转速。其中,三段速由 RH、RM、RL 单个通断来实现,七段速由 RH、RM、RL 通断的组合来实现。

7 段速的各自运行频率则由参数 Pr. 4 ~ Pr. 6(设置前 3 段速的频率)、Pr. 24 ~ Pr. 27(设置第 4 段速至第 7 段速的频率)实现,对应的控制端状态及参数关系如图 5-18 所示。

多段速度设定在 PU 运行和外部运行中都可以设定,运行期间参数值也能被改变。在 3 速设定的场合,2 速以上同时被选择时,低速信号的设定频率优先。最后指出,如果把参数 Pr. 183 设置为 8,将 RMS 端子的功能转换成多速段控制端 REX,就可以用 RH、RM、RL 和 REX 通断的组合来实现 15 段速。

5. 基底频率和基底频率电压(Pr. 3、Pr. 19)

此参数主要用于调整变频器输出到电动机的额定值,用标准电动机时,通常设定为电动机的额定频率。当需要电动机运行在工频电源与变频器切换时,请设定基波频率与电源频

参数号	出厂设定	设定范围	备注
4	50Hz	0~400Hz	
5	30Hz	0~400Hz	
6	10Hz	0~400Hz	
24~27	9999	0~400Hz，9999	9999：未选择

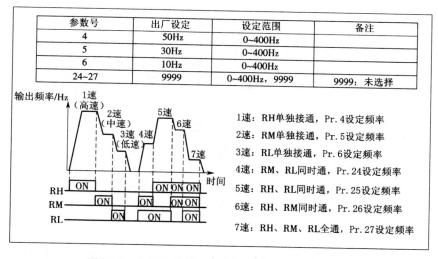

1速：RH单独接通，Pr.4设定频率

2速：RM单独接通，Pr.5设定频率

3速：RL单独接通，Pr.6设定频率

4速：RM、RL同时通，Pr.24设定频率

5速：RH、RL同时通，Pr.25设定频率

6速：RH、RM同时通，Pr.26设定频率

7速：RH、RM、RL全通，Pr.27设定频率

图 5-18　多段速控制对应的控制端状态及参数关系

率相同。

Pr.3 调整范围:0 ~ 120 Hz(出厂设置 50 Hz),其基底频率电压为电动机工作在基底频率的电压,由 Pr.19 设定。

Pr.19 有三种选择:

①0 ~ 1 000 V——用户设定,一般都不会超过电源电压;

②9999——(出厂设置)与电源电压相同;

③8888——电源电压的95%。

6. 电子过电流保护(Pr.9)

用于设定电子过电流保护的电流值,以防止电动机过热,一般设定为电动机额定电流值。

7. 启动频率(Pr.13)

启动频率(Pr.13)参数设定为电动机启动时的频率。启动频率只能设定为 0 ~ 60 Hz,意义如图 5-19 所示。

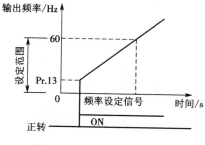

图 5-19　Pr.13 参数意义图

8. 点动运行频率(Pr.15)和点动加、减速时间(Pr.16)

点动运行频率(Pr.15)参数设定点动状态下的运行频率,点动加、减速时间(Pr.16)用于设定点动状态下的加、减速时间,意义如图 5-20 所示。

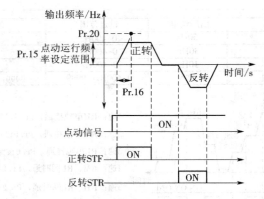

图 5-20　Pr. 15、Pr. 16 参数意义图

9. 操作模式选择(Pr. 79)

用于选择变频器在什么模式下运行,具体内容见表 5-10。一般来说,使用控制电路端子、外部设置电位器和开关来进行操作是"外部运行模式",使用操作面板或参数单元输入启动指令、设置频率是"PU 运行模式",通过 PU 接口进行 RS – 485 通信或使用通信选件是"网络运行模式(NET 运行模式)"。在进行变频器操作前,必须了解各种运行模式,才能进行相关的操作。

表 5-10　运行模式选择(Pr. 79)

Pr. 79 设定值	内容	
0	外部/PU 切换模式,通过 PU/EXT 键可切换 PU 与外部运行模式 注意:接通电源时为外部运行模式	
1	固定为 PU 运行模式	
2	固定为外部运行模式,可以在外部、网络运行模式间切换运行	
3	外部/PU 组合运行模式 1	
	频率指令	启动指令
	用操作面板设定	外部信号输入(端子 STF、STR)
4	外部/PU 组合运行模式 2	
	频率指令	启动指令
	外部信号输入	通过操作面板的 RUN 键、或通过参数单元的 FWD、REV 键来输入
6	切换模式,可以在保持运行状态的同时,进行 PU 运行、外部运行、网络运行的切换	
7	外部运行模式(PU 运行互锁)	

注:变频器出厂时,参数 Pr. 79 设定值为 0,当停止运行时用户可以根据实际需要修改其设定值。

六、设定变频器参数

根据控制要求可知,在 PU 操作模式下设定变频器的基本参数、操作模式选择参数和多段速度设定等,相应参数设定见表 5-11。

表 5-11　七段速度输出参数设定

参数名称	参数号	设定值
操作模式	Pr. 79	3
上限频率	Pr. 1	50 Hz
下限频率	Pr. 2	0 Hz
基底频率	Pr. 3	50 Hz
加速时间	Pr. 7	2.5 s
减速时间	Pr. 8	2.5 s
电子过电流保护	Pr. 9	电动机额定电流
第 1 段速度设定(高速)	Pr. 4	50 Hz
第 2 段速度设定(中速)	Pr. 5	30 Hz
第 3 段速度设定(低速)	Pr. 6	10 Hz
第 4 段速度设定	Pr. 24	15 Hz
第 5 段速度设定	Pr. 25	40 Hz
第 6 段速度设定	Pr. 26	25 Hz
第 7 段速度设定	Pr. 27	8 Hz

5.4　大展身手

任务 1　皮带多段速控制系统的程序设计

电动机、PLC 与变频器的输入/输出接口的分配如表 5-6 所示,变频器与 PLC 的输入/输出接线如图 5-10 所示。根据系统控制要求,可设计出控制系统的状态流程图如图 5-21 所示。将图 5-21 所示的状态流程图转换成如图 5-22 所示的步进梯形图及指令语句。

图 5-21 中的指令 ZRST 是区间复位指令,其功能是将指定元件号范围内的同类元件成批复位,其目标操作元件有 Y、M、S、T、C、D,如"ZRST Y0 Y7",就是把 Y0 ~ Y7 的 8 个输出继电器一起复位。

103

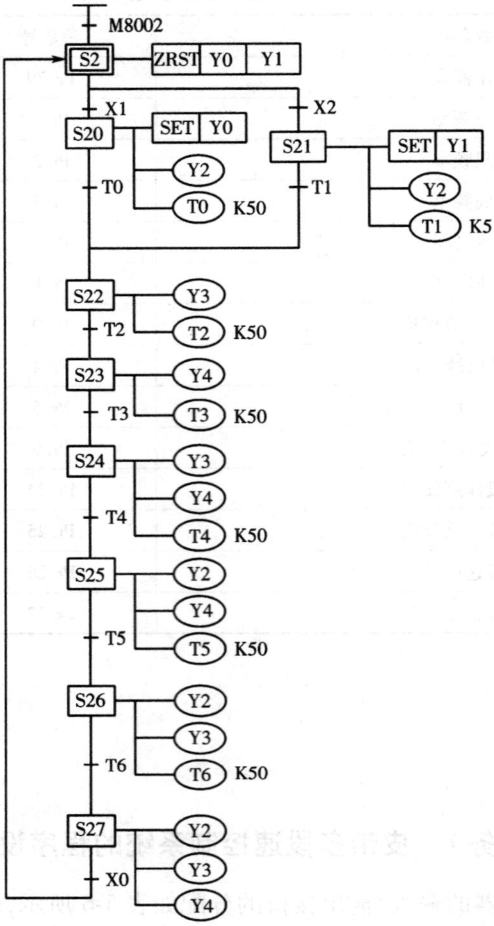

图 5-21　传送带七段速运行的控制系统状态流程图

任务 2　皮带多段速控制系统的安装与调试

1. 电气接线

参照图 5-8 将变频器与电动机相连的主电路接好。

参照图 5-9 将变频器控制电路接好。

参照图 5-10 将变频器与 PLC 的外部电路接好。

2. 设定变频器参数

电气接线完成后,给电路通电,设定变频器的相关参数。

3. 输入程序

参照"1. 2　入门演练"任务 1 中的安装调试步骤 1 ~ 5 步,将设计好的梯形图(图 5-22)输入编程软件,并写入 PLC 的存储器中。

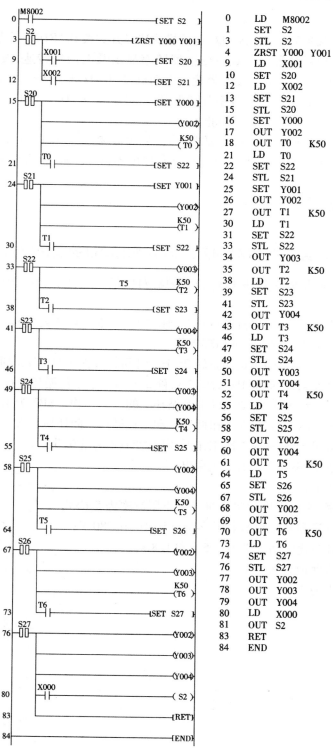

0	LD	M8002
1	SET	S2
3	STL	S2
4	ZRST	Y000 Y001
9	LD	X001
10	SET	S20
12	LD	X002
13	SET	S21
15	STL	S20
16	SET	Y000
17	OUT	Y002
18	OUT	T0 　K50
21	LD	T0
22	SET	S22
24	STL	S21
25	SET	Y001
26	OUT	Y002
27	OUT	T1 　K50
30	LD	T1
31	SET	S22
33	STL	S22
34	OUT	Y003
35	OUT	T2 　K50
38	LD	T2
39	SET	S23
41	STL	S23
42	OUT	Y004
43	OUT	T3 　K50
46	LD	T3
47	SET	S24
49	STL	S24
50	OUT	Y003
51	OUT	Y004
52	OUT	T4 　K50
55	LD	T4
56	SET	S25
58	STL	S25
59	OUT	Y002
60	OUT	Y004
61	OUT	T5 　K50
64	LD	T5
65	SET	S26
67	STL	S26
68	OUT	Y002
69	OUT	Y003
70	OUT	T6 　K50
73	LD	T6
74	SET	S27
76	STL	S27
77	OUT	Y002
78	OUT	Y003
79	OUT	Y004
80	LD	X000
81	OUT	S2
83	RET	
84	END	

图 5-22　传送带七段速控制梯形图与控制指令语句

105

4. 程序调试

把控制程序下载到 PLC 后,将 PLC 运行模式选择开关拨到"RUN"位置,使 PLC 进入运行状态,开始运行和调试程序。观察变频器频率显示及电动机转速,按下启动按钮 SB2 (SB3),传送带正向(反向)运行,变频器驱动电动机以 50 Hz 频率运行,5 s 后输出 30 Hz 的信号,以后分别以 5 s 的间隔输出频率分别为 10 Hz、15 Hz、40 Hz、25 Hz、8 Hz 的信号,最后按下 SB1,电动机在 0.5 s 内减速至停止。

若变频器显示输出的频率不符合要求,检查变频器参数、PLC 程序,直至变频器按要求运行。如变频器显示频率正确,但传送带的运行速度不符合要求,检查系统接线。

5.5 举一反三

任务 用 PLC 和变频器实现电动机的变速控制

使用学过的基础指令实现用 PLC 和变频器对电动机变速运行的控制,具体工作要求如下。

①工作循环一:变频器输出按照正转 20 Hz、时间 3.5 s、停 3 s,反转 25 Hz、时间 3.5 s、停 3 s,为一个工作循环进行不断地循环工作。

②工作循环二:变频器输出按照正转 25 Hz、时间 2 s,正转 50 Hz、时间 3.5 s,停 3.5 s,反转 15 Hz、时间 2.5 s,反转 40 Hz、时间 2 s,停 3 s,为一个工作循环进行不断地循环工作。

③启动时按下按钮 SB1,电动机以工作循环一的方式工作。SB2 为工作方式切换按钮,启动后每按一次 SB2,工作方式在工作循环一和工作循环二间切换一次。

④按下停止按钮 SB3,完成本次工作循环后,变频器停止输出。

⑤按下急停按钮 SB4,变频器停止输出。

变频器参数要求:

①上下限频率(最大限度频率为 50 Hz,下限频率为 5 Hz);

②设置基底频率和基底频率电压分别为 50 Hz 和 380 V;

③设置加速和减速时间分别为 1.5 s 和 1.8 s;

④设置过电流保护为 0.5 A;

⑤转矩提升设为 2。

项目六 自动售货机的 PLC 控制

 **学习目标**

【知识目标】

1. 了解三菱 PLC 的功能指令。
2. 掌握三菱 PLC 的数据处理方法和功能。
3. 了解电涡流传感器的检测原理。
4. 掌握电涡流传感器在 PLC 中的应用。

【能力目标】

1. 能够正确地选择合适的传感器。
2. 会规范地在规定时间内完成电气接线。
3. 能够利用功能指令编写自动售货机控制系统的程序。
4. 能够完成自动售货机控制系统的程序调试工作。

6.1 项目介绍

自动售货机是能根据投入的钱币自动付货的机器,是机电一体化的自动化装置,在接收到货币已输入信息的前提下,靠触摸控制按钮输入信号,使控制器启动相关位置的机械装置来完成规定的动作,将货物输出。如图 6-1 所示为一款饮料自动售货机。

①首先用户将货币投入投币口,然后货币识别器对所投货币进行识别。

②控制器根据金额将商品可售卖信息通过选货按键指示灯提供给用户,由用户自主选择欲购买的商品。

③用户按下商品所对应的按键后,控制器接收到按键所传递过来的信息,驱动相应部件,使用户选择的商品到达取物口。

④如果还有足够的余额,则可继续购买,若不再继续购买,则售货机在 15 s 之内将会自动找出零币,或在用户旋转退币旋钮时,退出零币。

⑤从退币口取出零币完成此次交易。

项目要求:

①自动售货机可投入 1 角、5 角、1 元的硬币;

图 6-1 饮料自动售货机

②当投入的硬币总值超过 2 元时，果珍指示灯亮；当投入的硬币总值超过 3 元时，果珍及奶茶指示灯亮；

③当果珍指示灯亮时，按果珍按钮，则排出果珍，在 8 s 后，会自动停止，在这段时间内，果珍指示灯闪烁；

④当奶茶指示灯亮时，按奶茶按钮，则排出奶茶，在 8 s 后，会自动停止，在这段时间内，奶茶指示灯闪烁；

⑤若投入硬币总值超过所需的钱数（果珍 2 元，奶茶 3 元）时，找钱指示灯亮，并退出多余的钱。

6.2　必备知识

一、检测技术知识积累——电涡流传感器

电涡流传感器（图 6-2）属于电感式传感器的一种，是利用电涡流效应进行工作的。根据法拉第电磁感应定律，金属导体置于变化的磁场中或在磁场中做切割磁感线运动时，导体内就会有感应电流产生，这种电流在金属体内自行闭合，这种由电磁感应原理产生的旋涡状感应电流称为电涡流。

（一）工作原理

如图 6-3 所示，将一个扁平线圈置于金属导体附近，当线圈中通有交变电流 I_1 时，线圈周围就产生一个交变磁场 H_1。置于这一磁场中的金属导体就产生电涡流 I_2，电涡流也将产生一个新磁场 H_2。根据楞次定律，H_2 与 H_1 的方向必然相反，因而抵消部分原磁场，由于 H_2 的反作用将使通电线圈的有效阻抗 Z 发生变化。I_2 越大，对通电线圈的影响也越大。

图 6-2　电涡流传感器实物图

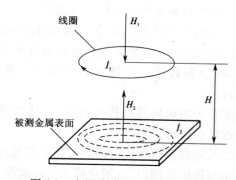

图 6-3　电涡流传感器工作原理示意图

一般来说，传感器的电感量、阻抗和品质系数的变化与金属导体的电导率 σ、磁导率 μ、尺寸因子 r、金属与线圈的距离 x、激励电流 I_1 和其频率 f 有关，即改变这些参数中的任一物理量，固定其中的其他参数，都将引起 Z 的变化。利用这种电涡流现象，可以把距离 x 的变化转换为 Z 的变化，做成位移、振幅、厚度等传感器；也可利用这种电涡流效应，把电导率 σ 的变化转换为 Z 的变化，做成表面温度、电解质浓度、材质判别等传感器；还可利用这种电涡流效应，把磁导率 μ 的变化变换为 Z 的变化，做成应力、硬度等传感器。

（二）结构

电涡流传感器的结构比较简单，如图 6-4 所示，它主要是一个固定在框架上的电涡流线

圈,线圈的导线要用电阻率小的材料,一般采用多股漆包铜线或银线绕制而成,放在传感器的端部。框架要求采用损耗小、电性能好、热膨胀系数小的材料,一般可选用聚四氟乙烯、高频陶瓷等。随着电子技术的发展,现在已能将测量转换电路安装到探头的壳体中。电涡流传感器具有输出信号强度大(输出信号有一定驱动能力的直流电压或电流信号,有时还可以是开关信号)、不受输出电缆分布电容干扰等优点。

线圈阻抗变化与金属导体的电导率、磁导率等有关。对于非磁性材料,被测体的电导率越高,则灵敏度越高。但被测体是磁性材料时,其磁导率将影响电涡流线圈的感抗,其磁滞损耗还将影响电涡流线圈的 Q 值,所以其灵敏度要视具体情况而定。

为了充分利用电涡流效应,被测体为圆盘状物体的平面时,物体的直径应大于线圈直径的 2 倍,否则将使灵敏度降低;被测体为轴状圆柱体的圆弧表面时,它的直径必须为线圈直径的 4 倍以上,才不影响测量结果。而且被测体的厚度也不能太薄,一般情况下,只要厚度在 0.2 mm 以上,测量就不受影响。另外在测量时,传感器线圈周围除被测导体外,应尽量避开其他导体,以免干扰高频磁场,引起线圈的附加损失。

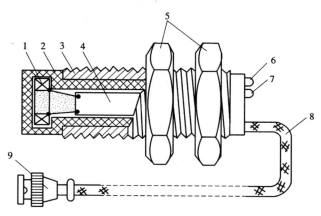

图 6-4　电涡流传感器的结构

1—电涡流线圈;2—探头壳体;3—壳体上的位置调节螺纹;4—印刷电路板;

5—夹持螺母;6—电源指示灯;7—阈值指示灯;

8—输出屏蔽电缆线;9—电缆插头

(三)测量转换电路

电涡流传感器与被测金属之间的互感量的变化可以转换为探头线圈的有效阻抗(主要是等效电感)以及品质因数 Q(与等效电阻有关)等参数的变化。因此测量转换电路的任务是把这些参数变换为频率、电压或电流。相应的有调频式、调幅式和电桥法等诸多电路,这里简单介绍调幅式测量转换电路。

调幅式转换电路是以输出高频信号的幅度来反映电涡流探头与被测金属导体之间的关系。图 6-5 为高频调幅式测量转换电路的原理框图,石英晶体振荡器通过耦合电阻 R,向由探头线圈和一个微调电容 C_0 组成的并联谐振回路提供一个稳频稳幅的高频激励信号,相当于一个恒流源。当被测金属导体距探头相当远时,调节 C_0,使 LC_0 的谐振频率等于石英晶体振荡器的频率 f_0,此时谐振回路的 Q 值和阻抗 Z 也最大,恒定电流 $\dot{I}_i$ 在 LC_0 并联谐振回路上的压降 $\dot{U}_0$ 也最大,有

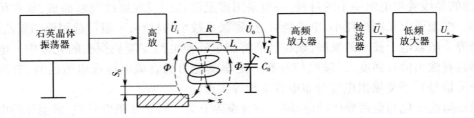

图 6-5 高频调幅式测量转换电路的原理框图

$$\dot{U}_{o} = \dot{I}_{i} Z$$

当被测物体为非磁性金属时,探头线圈的等效电感 L 减少,并引起 Q 值下降,并联谐振回路的谐振频率 $f_1 > f_0$,处于失谐状态,输出电压 $\dot{U}_{o}$ 大大降低。

当被测物体为磁性金属时,探头线圈的电感量略为增大,但由于被测磁性金属体的磁滞损耗,使探头的 Q 值大大下降,输出电压降低。

以上几种情况见图 6-6 所示的曲线。被测物体与探头的间距越小,输出电压就越低。经高频放大、检波、低频放大之后,输出的直流电压反映了被测物体的位移量。

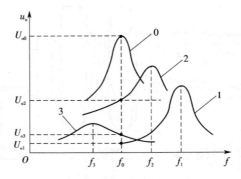

图 6-6 定频调幅式的谐振曲线

调幅式转换电路的输出电压 U_{o} 与位移 x 之间不是线性关系,必须用千分尺逐点标定,并用计算机线性化之后才能用数码管显示出位移量。该转换电路还有一个缺点,就是电压放大器的放大倍数的漂移会影响测量精度,必须采取各种温度补偿措施。

（四）应用场合

1. 厚度测量

用电涡流传感器可以测量塑料表面金属镀层的厚度以及印刷电路板铜箔的厚度等。由于存在集肤效应,镀层或箔层越薄,电涡流越小。测量前,可先用电涡流测厚仪对标准厚度的镀层和铜箔作出"厚度 – 电压"的标定曲线,以便测量时对照。

2. 位移测量

某些旋转机械,如高速旋转的汽轮机对轴向位移的要求很高。当汽轮机运行时,叶片在高压蒸汽推动下高速旋转,它的主轴承受巨大的轴向推力。若主轴的位移超过规定值时,叶片有可能与其他部件碰撞而断裂。因此用电涡流传感器测量各种金属工件的微小位移量就显得十分重要。利用电涡流原理可以测量诸如汽轮机主轴的轴向位移、电动机轴向窜动、磨床换向阀及先导阀的位移和金属试件的热膨胀系数等。位移测量范围可以从高灵敏度的 0

~1 mm 到大量程的 0 ~ 30 mm,分辨率可达满量程的 0.1%,其缺点是线性度稍差,只能达到 1%。

3. 电涡流接近开关

电涡流接近开关是一种开关型电感传感器,由 LC 高频振荡器和放大电路组成,金属物体在接近这个能产生电磁场的振荡感应头时,物体内部产生涡流,这个涡流反作用于接近开关,使接近开关振荡能力衰减,内部电路的参数发生变化,再由信号处理电路(包括检波、放大、整形、输出等电路)将该变化转换成开关量输出,由此识别出有无金属物体接近,进而控制开关的通或断,从而达到检测目的。电涡流接近开关所能检测的物体必须是金属物体。可以应用在生产线上检测金属工件是否到位,当工件到位后自动输出一个开关量信号,用以控制计数器或下一个加工步骤。

利用电涡流接近开关可进行转速测量。若在转轴上开一个凹槽或凸槽,旁边安装一个电涡流式接近开关,如图 6-7 所示。当转轴转动时,传感器周期地改变与旋转体表面之间的距离,其输出电压也周期性地发生变化,此脉冲电压信号经放大、变换后,可以用频率计测出其变化的重复频率,从而测出转轴的转速,若转轴上开 z 个槽,频率计的读数为 f,则转轴的转速 $n = 60f/z$。

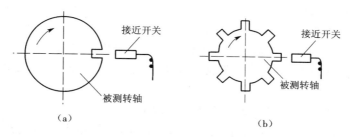

图 6-7 电涡流式传感器测量转速
(a)带有凹槽的转轴 (b)带有凸槽的转轴

这种传感器对油污等介质不敏感,能进行非接触检测,可安装在被测轴的近旁长期监视其转速,检测转速可达 6 000 r/min。

电涡流接近开关只能对金属起作用,在一般的工业生产场所,当检测体为金属材料时,或在生产线上需要检测金属工件是否到位时,通常都选用电涡流式接近开关,因为它的响应频率高、抗环境干扰性能好、应用范围广、价格较低。

(五)符号

接近开关有两线制和三线制之分,它们的接线是不同的,两线制接线比较简单。图 6-8 为三线制接近开关的符号,接近开关与负载串联后接到电源即可。

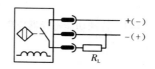

图 6-8 电涡流接近开关的符号

二、PLC 知识积累

（一）数据类软元件认知

1. 数据类软元件类型及应用

在前面的章节中介绍了输入继电器 X、输出继电器 Y、辅助继电器 M、状态继电器 S 等编程元件,这些元件在可编程控制器内部反映的是"位"的变化,主要用于开关量的传递、变换及逻辑处理,称为"位软元件"。但是在工业自动化控制领域,许多场合需要数据运算和特殊处理。因此,PLC 生产商逐步在 PLC 中引入了功能指令(或者称为应用指令),主要用于数据的传送、变换、运算及程序控制等功能。在 PLC 内部处理大量的数据信息,需设置大量的用于存储数值数据的软元件,如各种数据存储器等。另外,一定位数的位软元件组合在一起也可用作数据的存储,这些能处理数值数据的软元件统称为"字软元件"。下面将介绍这些软元件的类型及功能。

（1）数据寄存器 D

数据寄存器是用于存放数值数据的软元件,FX_{2N} 系列 PLC 中为 16 位(最高位为符号位,可处理数值范围为 -32 768 ~ 32 767),如将两个相邻数据寄存器组合,可存储 32 位(最高位为符号位,可处理数值范围为 -2 147 483 648 ~ 2 147 483 647)的数值数据。

常用数据寄存器有以下几类。

1)通用数据寄存器(D0 ~ D199,共 200 点)

通用数据寄存器一旦写入数据,只要不再写入其他数据,其内容就不会变化。但是在 PLC 从运行到停止或停电时,所有数据被清除为 0(如果驱动特殊辅助继电器 M8033,则可以保持)。

2)断电保持数据寄存器(D200 ~ D511,共 312 点)

只要不改写,无论 PLC 是从运行到停止,还是停电时,断电保持数据寄存器将保持原有数据不丢失。如采用并联通信功能,当从主站到从站时,则 D490 ~ D499 被作为通信占用;当从从站到主站时,则 D500 ~ D509 被作为通信占用。

3)特殊数据寄存器(D8000 ~ D8255,共 256 点)

特殊数据寄存器供监控机内元件的运行方式用。在电源接通时,利用系统只读存储器写入初始值。例如在 D8000 中,存有监视定时器的时间设定值。它的初始值由系统只读存储器在通电时写入,如要改变,可利用传送指令(FNC12 MOV)写入,如图 6-9 所示。

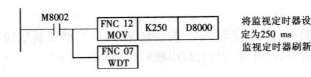

图 6-9 特殊功能寄存器应用

2. 数据类软元件的结构形式

（1）基本形式

FX_{2N} 系列 PLC 数据类软元件的基本结构为 16 位存储单元,最高位为符号位。PLC 内的 T、C、V、Z 元件均为 16 位元件,即"字软元件"。

（2）双字元件

为了完成 32 位数据的存储，可以使用两个字元件组成"双字元件"。其中，低位元件存储 32 位数据的低位部分，高位元件存储 32 位数据的高位部分，最高位为符号位。在指令中使用双字元件时，一般只用其低位地址表示这个元件，其高位同时被指令使用。虽然取奇数或偶数地址作为双字元件的低位是任意的，但为了减少元件安排上的错误，建议用偶数作为双字元件的元件号。

（3）位组合元件

在 PLC 中，人们除了要用二进制数据外，常希望能直接使用十进制数据。FX_{2N} 系列 PLC 中，使用 4 位 BCD 码（也称 8421 码）表示 1 位十进制数（也称 1 组），由此产生了位组合元件。位组合元件常用输入继电器 X、输出继电器 Y、辅助继电器 M 及状态继电器 S 组成。位组合元件的表示形式为：K_n + 最低位的位元件号。

例如，K_nX、K_nY、K_nM 即是位组合元件，其中"K"表示后面跟的是十进制数，"n"表示 4 位一组的组数。如 K_1X0，则表示从 X0 开始的 1 组位元件组合，即 X0、X1、X2、X3 这四位输入继电器的组合；而 K_2X0 则表示的是 X0 ~ X7 这 8 位输入继电器的两组的组合。

（二）功能指令解读

1. 功能指令的意义

功能指令是 PLC 数据处理能力的标志，PLC 的基本指令是基于继电器、定时器、计数器类软元件，主要用于逻辑处理的指令。作为工业控制计算机，PLC 仅有逻辑处理功能是远远不够的，现代工业控制的许多场合都需要数据处理。因此 PLC 中引入了功能指令（Function Instruction），主要用于数据传送、运算、变换及程序控制等。这使得 PLC 成为了真正意义上的计算机。功能指令向综合性方向迈进，以往需要大段程序完成的任务，现在一条指令就能实现，如 PID 功能、表功能等，这类指令实际上就是一个功能完整的子程序，大大提高了 PLC 的实用性。

FX 系列 PLC 在梯形图中使用功能框表示功能指令。如图 6-10 所示是功能指令的梯形图表达形式。图中 X0 是执行该条指令的条件，其后的方框为功能框，分别含有功能指令的名称和参数，参数可以是相关数据、地址或其他数据。当 X0 合上后，数据寄存器 D0 的内容加上 123（十进制），然后将运算结果送到数据寄存器 D2 中。

图 6-10　功能指令的梯形图表达形式

2. 功能指令的分类

（1）程序流程指令

用于程序流向和优先结构形式的控制。例如 CJ（条件跳转）、CALL（子程序调用）、EI（中断允许）、DI（中断禁止）等。

（2）传送与比较指令

用于数据在存储空间的传送和数据比较。例如 CMP（比较）、ZCP（区间比较）、MOV（传送）、BCD（码制转换）等。

（3）四则运算指令

用于整数的算术及逻辑运算。例如 ADD（二进制加法）、SUB（二进制减法）、WOR（字逻辑或）、NEG（求补码）等。

（4）循环移位指令

用于数据在存储空间位置的调整。例如 ROR（循环右移）、ROL（循环左移）、SFTR（位右移）、SFTL（位左移）等。

（5）数据处理指令

用于数据的编码、译码、批次复位、平均值计算等数据运算处理。例如 ZRST（批次复位）、DECO（译码）、SQR（BIN 开方运算）、FLT（浮点处理）等。

（6）高速处理指令

有效利用数据高速处理能力进行中断处理以获得最新 I/O 信息。例如 RTF（输入/输出刷新）、MTR（矩阵输入）、PLSY（脉冲输出）、PWM（脉宽调制）等。

（7）方便指令

初始化状态、数据查找、凸轮控制、交替输出、斜坡输出等功能。例如 IST（初始化状态）、SER（数据查找）、INCD（凸轮控制绝对方式）、ALT（交替输出）、RAMP（斜坡输出）等。

（8）外围设备指令

数字键输入、7 段译码、BFM 写入输出、数据传送、电位器等。例如 VRRD（电位器读取）、RS（串行数据传送）等。

（9）时钟运算

时钟数据比较、时钟数据加减运算、时钟读出写入等。例如 TCMP（时钟数据比较）、TADD（时钟数据加法）、TRD（时钟数据读出）等。

3. 功能指令解读

使用功能指令需要注意功能框中各参数所指的含义，现以加法指令来说明。如图 6-11 所示为加法指令（ADD）的指令格式和相关参数形式，表 6-1 为加法指令和参数说明。

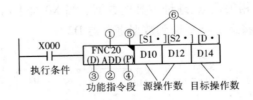

图 6-11　加法指令格式及参数形式

表 6-1　加法指令和参数说明

指令名称	助记符/功能号	操作数		程序步长⑦
		[S1 ·][S2 ·]	[D ·]	
加法	FNC20 (D) ADD(P)	K、H、 $K_N X$、$K_N F$、$K_N M$、$K_N S$、 T、C、D、V、Z	$K_N Y$、$K_N M$、$K_N S$、 T、C、D、V、Z	ADD、ADD(P)—7 步 (D) ADD、(D) ADD(P)—13 步

图 6-11、表 6-1 标注的①~⑦说明如下。

①功能代号(FNC)。每条功能指令都有一固定的编号,FX$_{2N}$、FX$_{2NC}$的功能代号从 FNC00 ~ FNC246。例如:FNC00 代表 CJ,FNC01 代表 CALL。

②助记符。功能指令的助记符是该条指令的英文缩写词。如加法指令英文写法为"Addition instruction",简写为 ADD;交替输出指令"Alternate output",简写为 ALT 等。采用这种方式便于了解指令功能,容易记忆和掌握。

③数据长度(D)指示。功能指令大多涉及数据运算和操作,数据以字长表示,有 16 位和 32 位之分。有(D)表示的为 32 位数据操作指令,无(D)表示的则为 16 位数据操作指令,如图 6-12 所示。图 6-12(a)所示指令功能为 16 位数据操作,即将 D10 的内容传送到 D12 中;图 6-12(b)所示指令功能为 32 位数据操作,即将 D10 和 D11(32 位)的内容传送到 D12 和 D13 中。

图 6-12　16/32 位数据传送指令
(a)16 位数据;(b)32 位数据

④脉冲/连续执行指令标志(P)。功能指令中若带有(P),为脉冲执行指令,即当条件满足时仅执行一个扫描周期。若指令中没有(P),为连续执行指令。脉冲执行指令在数据处理中是很有用的。例如加法指令,在脉冲形式指令执行时,加数和被加数做一次加法运算;而连续形式指令执行时,每一个扫描周期都要相加一次。某些特别指令,如加 1 指令 FNC24(INC)、减 1 指令 FNC25(DEC)等,在用连续执行指令时应特别注意,在每个扫描周期,其结果内容均在发生着变化。图 6-13 分别表示脉冲执行型、连续执行型指令以及加 1、减 1 指令的连续执行指令的特殊标注方法。

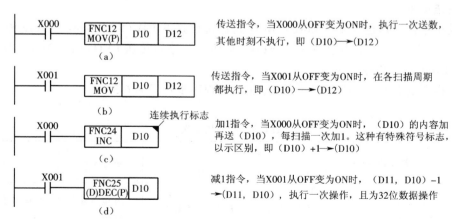

图 6-13　脉冲型、连续执行型指令

⑤连续执行标志。当某些特殊指令(如图 6-13(c)所示的 FNC24 INC 指令)连续执行时,则每一个扫描周期"源"的内容都会发生变化。

⑥操作数。操作数是功能指令涉及或产生的数据,分为源操作数、目标操作数及其他操

作数。源操作数是指功能指令执行后,不改变其内容的操作数,用 S 表示。目标操作数是指功能指令执行后,将其内容改变的操作数,用 D 表示。既不是源操作数,又不是目标操作数的,则称为其他操作数,用 m、n 表示。其他操作数往往是常数,或者是对源、目标操作数进行补充说明的有关参数。表示常数时,一般用 K 表示十进制数,H 表示十六进制数。功能指令操作数的含义见表 6-2。

表 6-2　功能指令操作数的含义

字软元件	位软元件	字软元件
K:十进制数	X:输入继电器(X)	$K_N S$:状态继电器(S)的位指定
H:十六进制数	Y:输出继电器(Y)	T:定时器(T)的当前值
$K_N X$:输入继电器(X)的位指定	M:辅助继电器(M)	C:计数器(C)的当前值
$K_N Y$:输出继电器(Y)的位指定	S:状态继电器(S)	D:数据寄存器(文件寄存器)
		V、Z 变址寄存器

如图 6-11 所示,在一条指令中,源操作数、目标操作数及其他操作数可能不止一个(也可以一个也没有),此时可以用序列数字表示,以示区别,如 S1、S2、…;D1、D2、…;m1、m2、…;n1、n2、…。

操作数若是间接操作数,可通过变址取得数据,此时在功能指令操作数旁加有一点"·",如[S1·]、[S2·]、[D1·]、[D2·]、[m1·]等。

⑦程序步长是指执行该条功能指令所需要的步数。功能指令的功能号和指令助记符占一个程序步,每一个操作数占 2 个或 4 个程序步(16 位操作数是 2 个程序步,32 位操作数是 4 个程序步)。因此,一般 16 位指令为 7 个程序步,32 位指令为 13 个程序步。

(三)传送、比较指令及应用

1. 传送指令

传送指令包括传送 MOV(Move)、BCD 码移位传送 SMOV(Shift Move)、取反传送 CML(Complement Move)、数据块传送 BMOV(Block Move)、多点传送 FMOV(Fill Move)及数据交换 XCH(Exchange)指令等。

传送指令的名称、助记符、功能号、操作数及程序步长见表 6-3。

表 6-3　传送指令表

指令名称	助记符/功能号	操作数		程序步长	备注
		[S·]	[D·]		
传送	FNC12 (D)MOV(P)	K、H、 $K_N X、K_N Y、K_N M、K_N S$、 T、C、D、V、Z	K、H、 $K_N Y、K_N M、K_N S$、 T、C、D、V、Z	16 位:5 步 32 位:9 步	①16/32 位指令 ②单次/连续执行

【说明】

①如图 6-14(a)所示为传送指令的基本格式,MOV 指令的功能是将源操作数送到目标

操作数中,即当 X0 为 ON 时,[S]→[D];

②指令执行时,K100 十进制常数自动转换成二进制数,当 X0 为 OFF 时,指令不执行, D10 数据保持不变;

③MOV 指令为连续执行型,MOV(P)指令为脉冲执行型,编程时若源操作数[S]是一个变数,则要用脉冲型传送指令 MOV(P);

④对于 32 位数据的传送,需要用(D)MOV 指令,否则用 MOV 指令会出错,如图 6-14 (b)所示为一个 32 位数据传送指令。

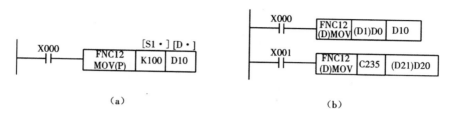

图 6-14　传送指令 MOV 应用
(a)基本格式;(b)32 位数据传送

当 X0 为 ON 时,(D1,D0)→(D11,D10);当 X1 为 ON 时,(C235)32 位→(D21,D20)。

定时器、计数器当前值读出,如图 6-15 所示。图中,当 X1 为 ON 时,(C0 当前值)→ (D20)。

如图 6-16 所示是定时器、计数器的间接设定。图中,当 X1 为 ON 时,K12→(D12), (D12)中的数值作为 T20 的时间设定常数,定时器延时 1.2 s。

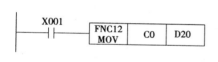

图 6-15　计数器当前值读出

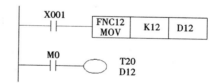

图 6-16　定时器设定值间接指定

2. 比较指令

比较指令的名称、助记符、功能号、操作数及程序步长见表 6-4。

表 6-4　比较指令表

指令名称	助记符/功能号	操作数		程序步长	备注
		[S1·][S2·]	[D·]		
比较	FNC10 (D)CMP(P)	K、H、 K_NX、K_NY、K_NM、K_NS、 T、C、D、V、Z	Y、M、S	16 位:7 步 32 位:13 步	①16/32 位指令 ②脉冲/连续执行
区间比较	FNC11 (D)ZCP(P)	K、H、 K_NX、K_NY、K_NM、K_NS、 T、C、D、V、Z	Y、M、S	16 位:7 步 32 位:13 步	①16/32 位指令 ②脉冲/连续执行

比较指令是将源操作数[S1]、[S2]的数据进行比较,比较结果送到目标操作数[D]中,如图 6-17 所示。当 X0 为 OFF 时,不执行 CMP 指令,M0、M1、M2 保持不变;当 X0 为 ON 时,[S1]、[S2]进行比较,即 C20 计数器值与 K100(数值 100)比较。若 C20 当前值小于 100,则 M0 = 1,Y0 = 1;若 C20 当前值等于 100,则 M1 = 1,Y1 = 1;若 C20 当前值大于 100,则 M2 = 1,Y2 = 1。比较的数据为二进制数,且带符号位比较,如 - 5 < 2。比较的结果影响目标操作数(Y、M、S),故目标操作数不能指定其他继电器,如 X、D、T、C。若要清除此比较结果时,需要用 RST 或 ZRST 复位指令,如图 6-18 所示。

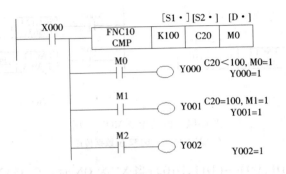

图 6-17　比较指令使用说明

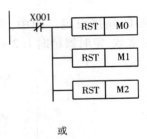

图 6-18　比较结果复位

区间比较指令使用说明如图 6-19 所示。它是将一个数据[S]与两个源操作数[S1]、[S2]进行代数比较,比较结果影响目标操作数[D]。当 X0 为 ON 时,C30 的当前值与 K100 和 K120 进行比较。若 C30 < 100 时,则 M3 = 1,Y0 = 1;若 100 ≤ C30 ≤ 120 时,则 M4 = 1,Y1 = 1;若 C30 > 120 时,则 M5 = 1,Y2 = 1。需要注意的是,区间比较指令数据均为二进制数,且带符号位比较。

(四)算术运算指令及应用

1. 加法指令

该指令的名称、指令代码、助记符、操作数及程序步长见表 6-5。

（a）

```
LD    X000
ZCP   K100
      K120
      C30
      M3
LD    M3
OUT   Y000
LD    M4
OUT   Y001
LD    M5
OUT   Y002
```

（b）

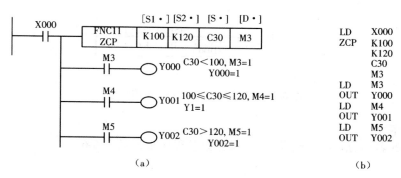

图 6-19　区间比较指令使用说明

（a）梯形图；（b）指令语句

表 6-5　加法指令表

指令名称	助记符/功能号	操作数		程序步长	备注
		［S1·］［S2·］	［D·］		
加法	FNC20 （D）ADD（P）	K_NX、K_NY、K_NM、K_NS、 T、C、D、V、Z	K_NY、K_NM、K_NS、 T、C、D、V、Z	16 位：7 步 32 位：13 步	①16/32 位指令 ②连续/脉冲执行

ADD 加法指令是将指定的源元件中的二进制数相加，结果送到指定的目标元件中去。ADD 加法指令的使用说明如图 6-20 所示。当执行条件 X0 从 OFF 变为 ON 时，（D10）+（D12）→（D14），运算是代数运算，如（-5）+8=3。

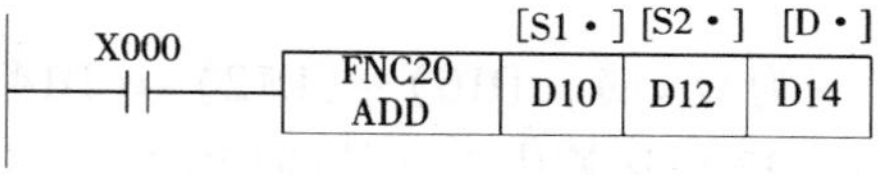

图 6-20　二进制加法指令使用说明之一

ADD 加法指令有 3 个常用标志辅助寄存器：M8020 为零标志，M8021 为借位标志，M8022 为进位标志。如果运算结果为 0，则零标志 M8020 置 1；如果运算结果超过 32 767（16 位）或 2 147 483 647（32 位），则进位标志 M8022 置 1；如果运算结果小于 -32 767（16 位）或 -2 147 483 647（32 位），则借位标志 M8021 置 1。

在 32 位运算中，被指定的起始字元件是 16 位元件，而下一个元件则为高 16 位元件，如 D0（D1）。

源和目标元件器可以相同。若源和目标元件号相同而采用连续执行的 ADD、（D）ADD 指令时，加法的结果在每个扫描周期都会改变。

若指令采用脉冲执行型时，如图 6-21 所示。每当 X1 从 OFF 变为 ON 时，D0 的数据加 1，这与 INC（P）指令的执行结果相似。其不同之处在于，用 ADD 指令时，零位、借位、进位标志将按照上述方法置位。

```
        X001              [S1·] [S2·] [D·]
        ─┤├──      FNC20   D0    K1    D0
                   ADD(P)
```

图 6-21   二进制加法指令使用说明之二

2. 减法指令

该指令的名称、指令代码、助记符、操作数及程序步长见表 6-6。

表 6-6   减法指令表

指令名称	助记符/功能号	操作数		程序步长	备注
		[S1·][S2·]	[D·]		
减法	FNC 21 (D)SUB(P)	K$_N$X、K$_N$Y、K$_N$M、K$_N$S、 T、C、D、V、Z	K$_N$Y、K$_N$M、K$_N$S、 T、C、D、V、Z	16 位:7 步 32 位:13 步	①16/32 位指令 ②连续/脉冲执行

SUB 的减法指令是将指定的源元件中的二进制数相减,结果送到指定的目标元件中去。SUB 减法指令的说明如图 6-22 所示。

```
        X000              [S1·] [S2·] [D·]
        ─┤├──      FNC21   D10   D12   D14
                   SUB(P)
```

图 6-22   二进制减法指令使用说明之一

当执行条件 X0 从 OFF 变为 ON 时,(D10) – (D12)→(D14)。运算是代数运算,如 5 – (–8) = 13。各种标志的动作、32 位运算中软元件的指定方法、连续执行型和脉冲执行型的差异等均与上述加法指令相同,在此不再讲述。

图 6-23 所示是 32 位减法指令的使用说明,即当 X0 为 ON 时,[D11 ,D10] – [D13 ,D12]→[D15 ,D14],且连续执行。

```
        X000
        ─┤├──      FNC21   D10   D12   D14
                   (D)SUB
```

图 6-23   二进制减法指令使用说明之二

3. 乘法指令

该指令的名称、指令代码、助记符、操作数及程序步长见表 6-7。

表 6-7　乘法指令表

指令名称	助记符/功能号	操作数		程序步长	备注
		[S1·][S2·]	[D·]		
乘法	FNC22 (D)MUL(P)	$K_N X$、$K_N Y$、$K_N M$、$K_N S$、 T、C、D、Z	$K_N Y$、$K_N M$、$K_N S$、 T、C、D	16 位:7 步 32 位:13 步	①16/32 位指令 ②连续/脉冲执行

MUL 乘法指令是指将指定的源元件中的二进制数相乘,结果送到指定的目标元件中去。MUL 乘法指令使用说明如图 6-24 所示。

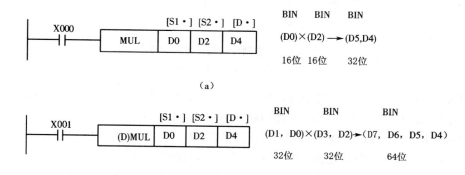

（a）

（b）

图 6-24　二进制乘法指令使用说明
（a）16 位 MUL 运算；（b）32 位 MUL 运算

图 6-24（a）为 16 位数据运算,当执行条件 X0 从 OFF 变为 ON 时,(D0) × (D2)→[D5,D4]。源操作数是 16 位,目标操作数是 32 位。若令(D0) = 8,(D2) = 9 时,[D5,D4] = 72,其中最高位为符号位,0 为正,1 为负。

图 6-24（b）为 32 位数据运算,当执行条件 X1 从 OFF 变为 ON 时,[D1,D0] × [D3,D2]→[D7,D6,D5,D4]。源操作数是 32 位,目标操作数是 64 位。若令[D1,D0] = 238,[D3,D2] = 189 时,[D7,D6,D5,D4] = 44 982,其中最高位为符号位,0 为正,1 为负。

4. 除法指令

该指令的名称、指令代码、助记符、操作数及程序步长见表 6-8。

表 6-8　除法指令表

指令名称	助记符/功能号	操作数		程序步长	备注
		[S1·][S2·]	[D·]		
除法	FNC23 (D)DIV(P)	$K_N X$、$K_N Y$、$K_N M$、$K_N S$、 T、C、D、Z	$K_N Y$、$K_N M$、$K_N S$、 T、C、D	16 位:7 步 32 位:13 步	①16/32 位指令 ②连续/脉冲执行

DIV 除法指令是指将指定的源元件中的二进制数相除,[S1]为被除数,[S2]为除数,商送到指定的目标元件[D]中去,余数送到目标元件[D] + 1 中。DIV 除法指令使用说明如图

6-25 所示。

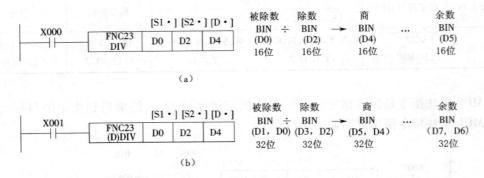

图 6-25 二进制除法指令使用说明

(a)16 位 DIV 运算;(b)32 位 DIV 运算

图 6-25(a)所示为 16 位数据运算,当执行条件 X0 从 OFF 变为 ON 时,(D0)÷(D2)→(D4)。若令(D0)=19,(D2)=3 时,商(D4)=6,余数(D5)=1。

图 6-25(b)所示为 32 位数据运算,当执行条件 X1 从 OFF 变为 ON 时,[D1,D0]÷[D3,D2],商送到[D5,D4],余数送到[D7,D6]。商与余数的二进制最高位是符号位,0 为正,1 为负。被除数或除数中有一个为负数时,商为负数。被除数为负数时,余数为负数。

5. 加 1 指令

该指令的名称、指令代码、助记符、操作数及程序步长见表 6-9。

表 6-9 加 1 指令表

指令名称	助记符/功能号	操作数 [D·]	程序步长	备注
加 1	FNC24 (D)INC(P)	$K_N Y$、$K_N M$、$K_N S$、 T、C、D、V、Z	16 位:7 步 32 位:13 步	①16/32 位指令 ②连续/脉冲执行

加 1 指令功能是将指定的目标元件的内容增加 1。加 1 指令的使用说明如图 6-26 所示。当执行条件 X0 从 OFF 变为 ON 时,由[D·]指定的元件 D10 中的二进制数自动加 1。

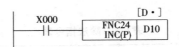

图 6-26 加 1 指令功能使用说明

在 16 位运算时,如果 +32 767 加 1 变成 −32 768,标志位不置位;同样在 32 位运算时,如果 +2 147 483 647 加 1 变成 −2 147 483 648,标志位不置位。

在连续执行指令中,每个扫描周期都将执行运算,必须加以注意。所以一般采用输入信号的上升沿触发运算一次。

6. 减 1 指令

该指令的名称、指令代码、助记符、操作数及程序步长见表 6-10。

表 6-10　减 1 指令表

指令名称	助记符/功能号	操作数 [D·]	程序步长	备注
减 1	FNC25 (D)DEC(P)	$K_N Y$、$K_N M$、$K_N S$、 T、C、D、V、Z	16 位：7 步 32 位：13 步	①16/32 位指令 ②连续/脉冲执行

减 1 指令功能是将指定的目标元件的内容减去 1。该指令的使用说明如图 6-27 所示。当执行条件 X1 从 OFF 变为 ON 时，由[D·]指定的元件 D10 中的二进制数自动减 1。每个扫描周期都减 1。在 16 位运算时，如果 −32 768 再减 1，值变为 +32 767，但标志位不置位；同样在 32 位运算时，如果 −2 147 483 648 再减 1，值变为 +2 147 483 647，标志位不置位。

图 6-27　减 1 指令功能使用说明

（五）数据处理指令及应用

数据处理指令有区间复位指令 ZRST、解码指令 DECO、编码指令 ENCO、报警信号置位和复位指令（置位 ANS 和复位 ANR）等。在此仅介绍常用的区间复位指令 ZRST。

该指令的名称、指令代码、助记符、操作数及程序步长见表 6-11。

表 6-11　区间复位指令表

指令名称	助记符/功能号	操作数 [D1·]	[D2·]	程序步长	备注
区间复位	FNC40 ZRST(P)	Y、M、S、 T、C、D(D1≤D2)		16 位：7 步 32 位：13 步	①16/32 位指令 ②连续/脉冲执行

区间复位指令也称成批复位指令，使用说明如图 6-28 所示。当 M8002 从 OFF 变为 ON 时，执行区间复位指令，位元件 M500 ~ M599 成批复位，字元件 C235 ~ C255 成批复位，状态元件 S0 ~ S100 成批复位。

目标操作数[D1·]和[D2·]指定的元件应为同类软元件，[D1·]指定的元件号应小于等于[D2·]指定的元件号。若[D1·]指定的元件号大于[D2·]指定的元件号，则只有[D1·]指定的元件被复位。

该指令为 16 位处理指令，但是可在[D1·]、[D2·]中指定 32 位计数器。不过不能混合指定，即不能在[D1·]中指定 16 位计数器，在[D2·]中指定 32 位计数器。

与其他复位指令的比较如下：

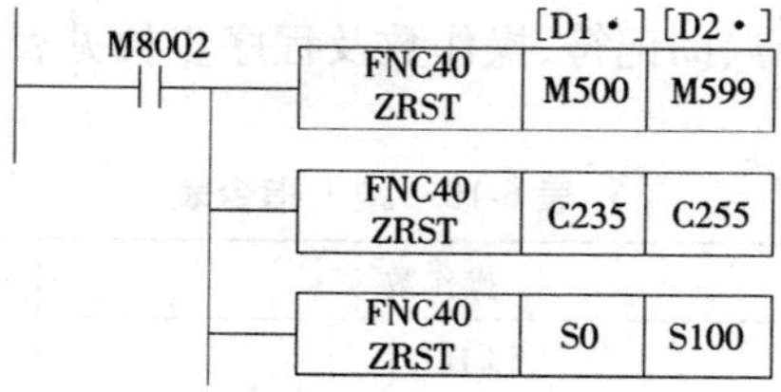

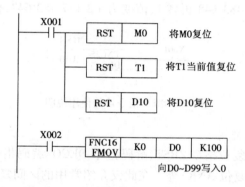

图 6-28　区间复位指令说明

①采用 RST 指令仅对位元件 Y、M、S 和字元件 T、C、D 单独进行复位,不能成批复位;

②也可以采用多点传送指令 FMOV(FNC16)将常数 K0 对 $K_N Y$、$K_N M$、$K_N S$、T、C、D 软元件成批复位。

这类指令的应用如图 6-29 所示。

图 6-29　其他复位指令功能说明

(六)子程序调用指令及应用

该指令的名称、指令代码、助记符、操作数及程序步长见表 6-12。

表 6-12　子程序调用指令表

指令名称	助记符/功能号	操作数 [D·]	程序步长
子程序调用	FNC01 CALL(P)	指针 P0 ~ P62,P64 ~ P127 嵌套 5 级	3 步
子程序返回	FNC02 SRET(P)	无	1 步

【说明】

①CALL 指令必须和 FEND、SRET 一起使用。子程序是为一些特定的控制目的而编制的相对独立的程序。为了区别于主程序,规定在程序编排时,将主程序排在前边,子程序排在后边,并以主程序结束指令 FEND(FNC06)将这两部分分隔开。

②子程序标号要写在主程序结束指令 FEND 之后。

③标号 P0 和子程序返回指令 SRET 间的程序构成 P0 子程序的内容。

④当主程序带有多个子程序时,子程序要依次放在主程序结束指令 FEND 之后,并用不同的标号相区别。

⑤子程序标号范围为 P0～P62,这些标号与条件转移中所用的标号相同,而且在条件转移中已经使用了标号,子程序也不能再用。

⑥同一标号只能使用一次,而不同的 CALL 指令可以多次调用同一标号的子程序。

图 6-30 为 CALL 指令应用的实例。触点 X001 闭合之后,执行 CALL 指令,程序转到 P10 所指向的指令处,执行子程序。子程序执行结束之后,通过 SRET 指令返回主程序,继续执行 X002。

子程序嵌套如图 6-31 所示,当 X001 触点闭合之后,执行 CALL P11 指令,转移到子程序(1)执行,然后 X003 触点闭合,执行 CALL P12 指令,程序转移到子程序(2)执行,执行完毕之后,依次返回子程序(1)、主程序。

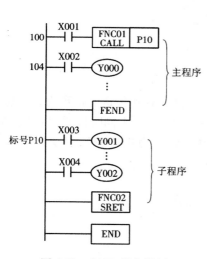

图 6-30　CALL 指令举例

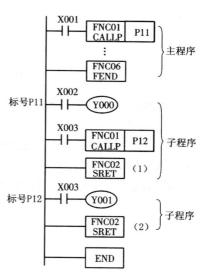

图 6-31　子程序嵌套举例

6.3　小试牛刀

任务　电动机 Y-△ 启动控制的功能指令实现

一、任务要求

采用前面所讲的功能指令实现电动机 Y-△ 启动控制,要求按下启动按钮 SB0,电动机绕组接成 Y 形接法,延时 6 s,达到一定转速后,切换成 △ 形接法正常运行,按下停止按钮 SB1,电动机停止。

二、PLC 的输入/输出分配

本任务中采用的输入/输出元件有启动按钮 SB1,停止按钮 SB2,主电路供电的主接触器 KM1,Y 形接法接触器 KM2,△形接法接触器 KM3。PLC 的输入/输出分配见表 6-13,输入/输出外部接线如图 6-32 所示。

表 6-13　输入/输入分配表

输入			输出		
名称	元件代号	PLC 的 I/O 点	名称	元件代号	PLC 的 I/O 点
启动按钮	SB1	X0	主接触器	KM1	Y0
停止按钮	SB2	X1	Y 形接触器	KM2	Y1
			△形接触器	KM3	Y2

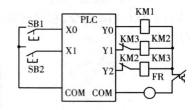

图 6-32　输入/输出外部接线图

三、电动机 Y - △启动控制的程序设计

根据电动机 Y - △启动控制的要求,启动时,Y1 和 Y0 应为 ON(传送的常数为 3),电动机 Y 形启动。当转速上升到一定程度,断开 Y1,延时 1 s(防止 Y2、Y1 同时接通)后接通 Y2 和 Y0(传送的常数为 5),电动机△形运行。停止时,传送常数应为 0。另外,启动至正常运行状态的时间约为 6 s。实现控制的梯形图如图 6-33 所示。

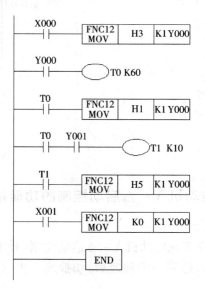

图 6-33　电动机 Y - △启动控制梯形图

四、电动机 Y - △ 启动控制的安装与调试

1. 电气接线

采用电动机 Y - △ 启动控制的实验板进行调试,参照表 6-13 分配的输入/输出接口,将按钮、接触器指示灯与 PLC 的输入/输出接口、PLC 的电源线的电路接好。

2. 输入程序

参照"1.2 入门演练"任务 1 中的安装调试步骤 1 ~ 5 步,将设计好的梯形图输入编程软件,并写入 PLC 的存储器中。

3. 程序调试

将 PLC 运行模式选择开关拨到"RUN"位置,使 PLC 进入运行状态,开始运行和调试程序。打开三菱的编程软件 FXGP-WIN-C,找到程序监控并打开,监控程序的运行情况。按照项目 1 中的安装调试步骤进行程序调试,观察程序运行情况,若出故障,应分别检查电路接线和梯形图是否有误,若进行了修改,应重新调试,直至系统按照要求正常工作,最终实现电动机 Y - △ 启动控制系统的控制要求。

6.4 大展身手

任务 1 自动售货机控制系统的程序设计

一、PLC 的输入/输出分配

项目的控制要求在"6.1 项目介绍"中进行了详细的介绍,根据控制要求,可以分析出该控制系统需要的输入/输出分配见表 6-14。

表 6-14 输入/输出分配表

输入			输出		
名称	元件代号	PLC 的 I/O 点	名称	元件代号	PLC 的 I/O 点
1 角投币接近开关	ST1	X1	果珍指示灯	HL1	Y0
5 角投币接近开关	ST2	X2	奶茶指示灯	HL2	Y1
1 元投币接近开关	ST3	X3	果珍出货电磁阀	YV1	Y2
果珍按钮	SB1	X4	奶茶出货电磁阀	YV2	Y3
奶茶按钮	SB2	X5	1 角找零执行机构	YA1	Y6
找零按钮	SB3	X0	5 角找零执行机构	YA2	Y5
			1 元找零执行机构	YA3	Y4

根据输入/输出分配表,可以画出 PLC 主机的硬件接线图,如图 6-34 所示。

127

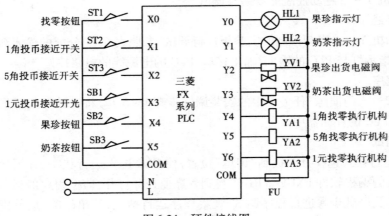

图 6-34　硬件接线图

二、程序设计

利用经验设计法设计的参考梯形图如图 6-35 所示。

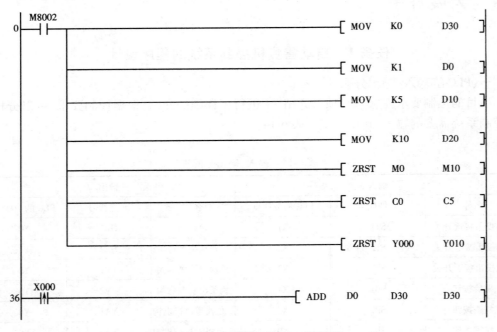

图 6-35　自动售货机的 PLC 梯形图

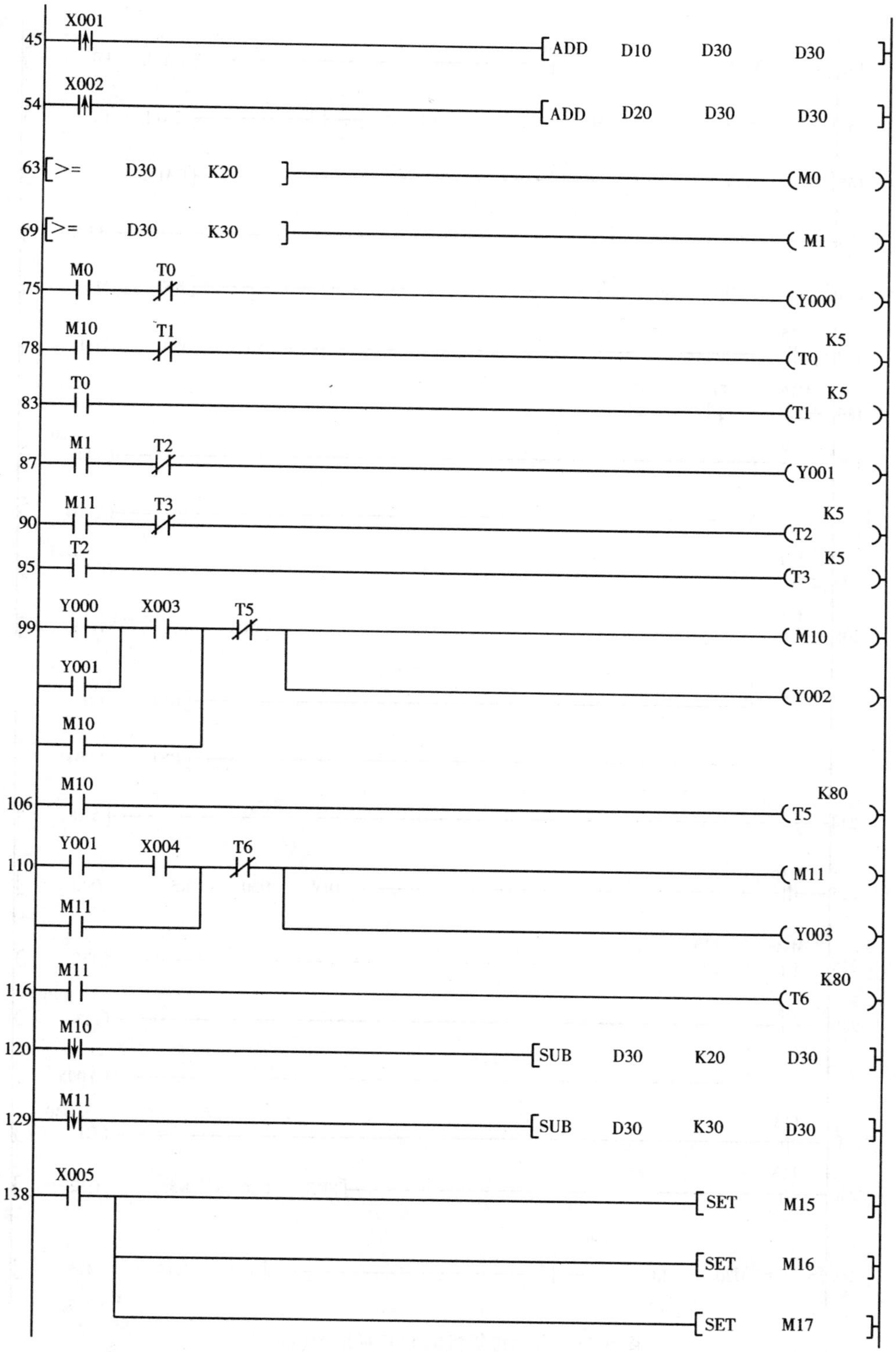

图 6-35 自动售货机的 PLC 梯形图(续 1)

129

```
142 [<    D30    K5    ]   ┤M15├─────────────────────────[CALL   P0  ]

151 [>=   D30    K5    ]─┤[<    D30    K10  ]─┤M16├──────[CALL   P1  ]

165 [>=   D30    K10   ]   ┤M17├─────────────────────────[CALL   P2  ]

174 ──────────────────────────────────────────────────[FEND ]

P0  175 [=   D30    K0    ]──────────────────────────[RST    M15 ]

        M15
182 ──┤↑├───────────────────────────────[MOV   D30    D31 ]

        M15   T11   C0                                      K1
189 ──┤├───┤/├───┤/├─────────────────────────────(T10 )

        T10                                              K20
195 ──┤├──┬──────────────────────────────────────(T11 )
          │
          └────────────────────────────────────(Y004 )

        T11                                              D31
200 ──┤↑├─────────────────────────────────────(C0  )

        C0
205 ──┤├──┬────────────────────────[MOV   K0     D30 ]
          │
          ├────────────────────────────────[RST    C0  ]
          │
          └────────────────────────────────[RST    Y004 ]

214 ──────────────────────────────────────────────[SRET ]

P1  215 ──┤↑├──────────────────────[DIV   D30    K5     D40 ]
        M16

        M16   T13                                        K3
225 ──┤├───┤/├──────────────────────────────────(T12 )

        T12                                              K20
230 ──┤├──┬──────────────────────────────────────(T13 )
          │
          └────────────────────────────────────(Y005 )

        T13                                              D40
235 ──┤↑├─────────────────────────────────────(C1  )

        T13
240 ──┤↑├─────────────────────[SUB   D30    K5     D30 ]

                    C1
249 [=   D30    K0    ]─┤├────────────────────[ZRST   M15    M16 ]
```

图 6-35 自动售货机的 PLC 梯形图(续 2)

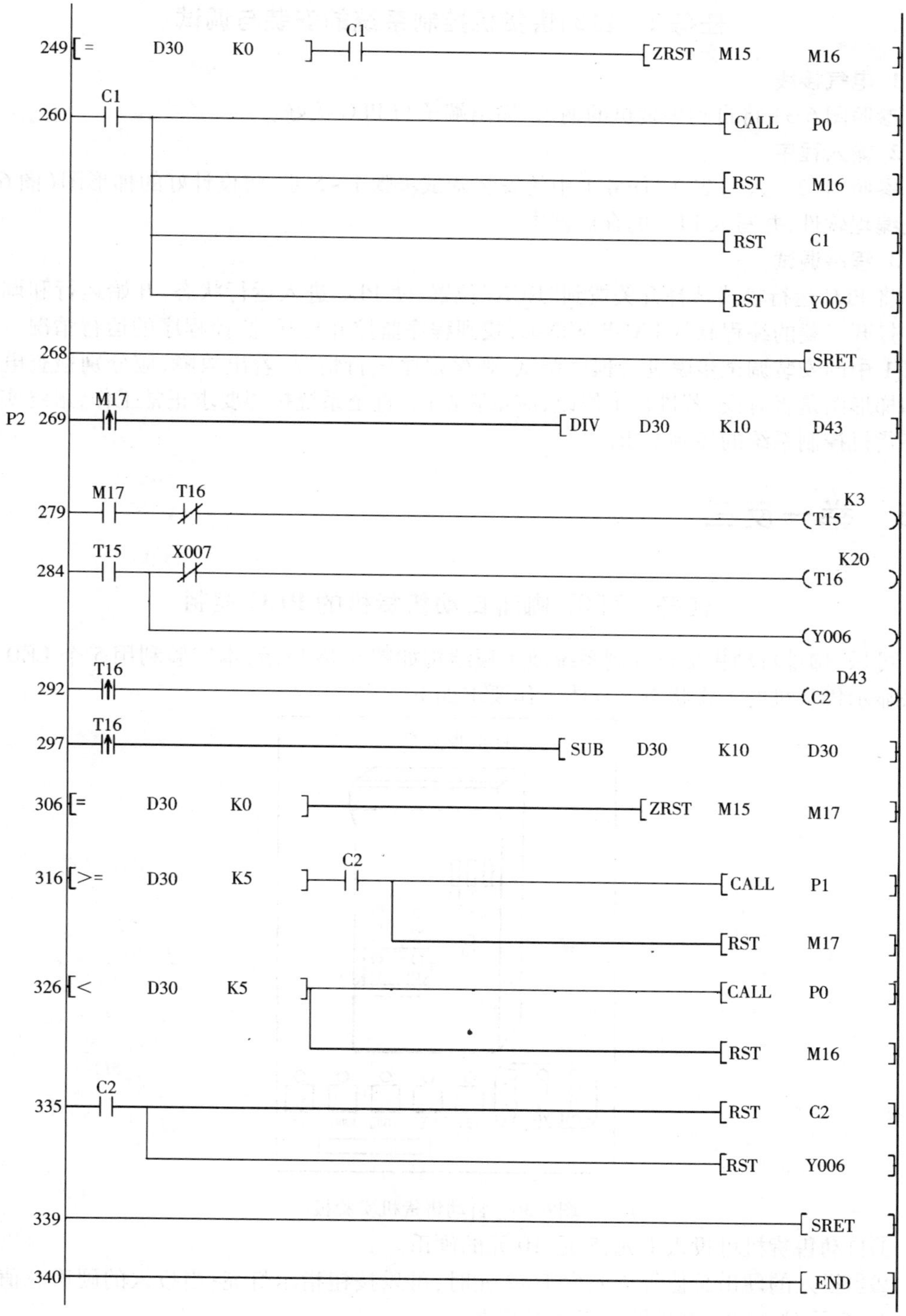

图 6-35　自动售货机的 PLC 梯形图(续 3)

任务2　自动售货机控制系统的安装与调试

1. 电气接线

参照图 6-34 将自动售货机的输入/输出端子与 PLC 接好。

2. 输入程序

参照"1.2　入门演练"任务 1 中的安装调试步骤 1～5 步,将设计好的梯形图(图 6-35)输入编程软件,并写入 PLC 的存储器中。

3. 程序调试

将 PLC 运行模式选择开关拨到"RUN"位置,使 PLC 进入运行状态,开始运行和调试程序。打开三菱的编程软件 FXGP-WIN-C,找到程序监控并打开,监控程序的运行情况。按照项目 1 中的安装调试步骤进行程序调试,观察程序运行情况,若出故障,应分别检查电路接线和梯形图是否有误,若进行了修改,应重新调试,直至系统按照要求正常工作,最终实现自动售货机控制系统的控制要求。

6.5　举一反三

任务　可乐、咖啡自动售货机的 PLC 控制

可乐、咖啡自动售货机控制系统演示板结构如图 6-36 所示,本实验利用 5 个 LED 发光管来显示售货机的工作状态。具体工作要求如下。

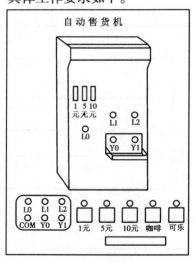

图 6-36　自动售货机实验板

①自动售货机可投入 1 元,5 元,10 元的硬币。

②当投入的硬币总值等于或大于 12 元时,可乐按钮指示灯亮;当投入的硬币总值等于或大于 15 元时,可乐、咖啡按钮指示灯都亮。

③当可乐按钮指示灯亮时,按可乐按钮,则可乐弹出,7 s 后相应指示灯熄灭。

④当咖啡指示灯亮时,操作同可乐。

⑤若投入的硬币总值超过按钮所需钱数(可乐 12 元,咖啡 15 元),找钱指示灯亮。

项目七 步进电动机的 PLC 控制

 学习目标

【知识目标】

1. 了解伺服系统及其分类。
2. 掌握步进电动机的工作原理和相关参数。
3. 熟悉 PLC 控制步进电动机的原理和方法。

【能力目标】

1. 能够安装步进电动机、驱动器和 PLC，并正确接线。
2. 能够编写控制步进电动机的 PLC 程序，并调试运行。

7.1 项目介绍

一、项目背景

数控机床以其精度高、效率高、能适应小批量多品种复杂零件的加工等优点，在机械加工中得到日益广泛地应用。随着数控技术的飞速发展，数控机床在柔性、精确性、可靠性和智能化等方面的功能要求越来越高。

数控技术是指用数字、文字和符号组成的数字指令来实现一台或多台机械设备动作控制的技术，它所控制的通常是位置、角度、速度等机械量和与机械能量流向有关的开关量。

数控机床由程序编制及程序载体、输入装置、数控装置、伺服驱动及位置检测、辅助控制装置、机床本体等几部分组成。

数控机床进给伺服系统的作用在于接收来自数控装置的指令信号，驱动机床移动部件跟随指令脉冲运动，并保证动作的快速和准确，这就要求是高质量的速度和位置伺服。数控机床的精度和速度等技术指标往往主要取决于伺服系统。

伺服系统按调节理论分类，可分为开环伺服系统、闭环伺服系统、半闭环伺服系统；按使用的驱动元件分类，可分为步进伺服系统、直流伺服系统、交流伺服系统。本项目重点介绍步进伺服系统以及 PLC 控制步进电动机的运行方式。

二、项目要求

①完成步进电动机、驱动器与 PLC 的硬件接线，如图 7-1 所示。
②应用 PLC 编程实现步进电动机的正反向运转。

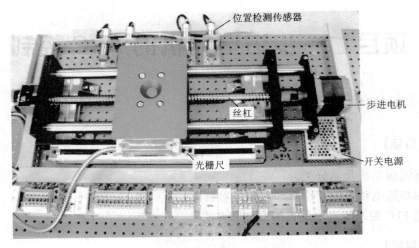

图 7-1　PLC 与步进电动机控制实验

7.2　必备知识

一、伺服系统简介

伺服系统的主要研究内容是机械运动过程中涉及的力学、机械学、动力驱动、伺服参数检测和控制等方面的理论和技术问题。伺服系统对自动化、自动控制、电气工程、机电一体化等专业既是一项基础技术，又是一项专业技术，因为它不仅分析各种基本的变换电路，而且结合生产实际，解决各种复杂定位控制问题，如机器人控制、数控机床等，它是运动控制系统与现代电力电子技术相结合的交叉学科，是力学、机械、电工、电子、计算机、信息和自动化等学科和技术领域的综合，这些技术出现的新进展都使它向前迈进一步，其技术进步是日新月异的。

1. 伺服系统的作用及组成

在自动控制系统中，使输出量能够以一定准确度跟随输入量的变化而变化的系统称为随动系统，亦称伺服系统。数控机床的伺服系统是指以机床移动部件的位置和速度作为控制量的自动控制系统。

数控机床进给伺服系统的作用在于接收来自数控装置的指令信号，驱动机床移动部件跟随指令脉冲运动，并保证动作的快速和准确，这就要求是高质量的速度和位置伺服。数控机床的精度和速度等技术指标往往主要取决于伺服系统。

数控机床伺服系统的一般结构如图 7-2 所示。它是一个双闭环系统，内环是速度环，外环是位置环。速度环中用作速度反馈的检测装置为测速发电机、脉冲编码器等。速度控制单元是一个独立的单元部件，它由速度调节器、电流调节器及功率驱动放大器等各部分组成。位置环是由数控装置中的位置控制模块、速度控制单元、位置检测及反馈控制等各部分组成，位置控制主要是对机床运动坐标轴进行控制。轴控制是要求最高的位置控制，不仅对单个轴的运动速度和位置精度的控制有严格要求，而且在多轴联动时，还要求各移动轴有很多的动态配合，才能保证加工效率、加工精度和表面结构。

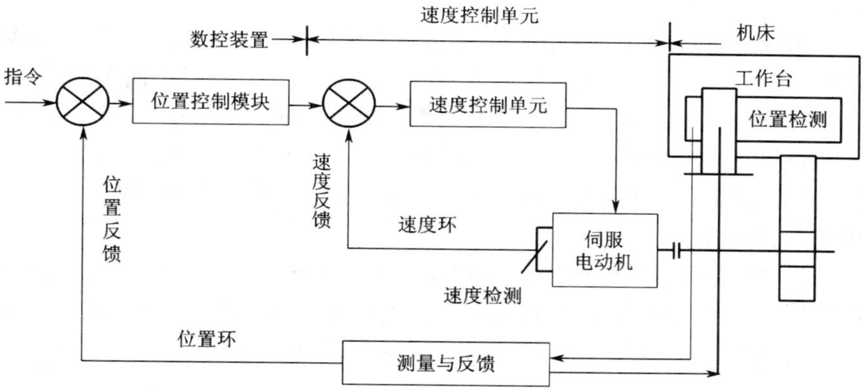

图 7-2　伺服系统结构图

2. 开环伺服系统

开环伺服系统是伺服系统分类中比较简单的一种伺服系统。这类数控系统将零件的程序处理后，输出数据指令给伺服系统，驱动机床运动，没有来自位置传感器的反馈信号。最典型的开环伺服系统就是采用步进电动机的伺服系统，如图 7-3 所示。它一般由环形分配器、步进电动机功率放大器、步进电动机、配速齿轮和丝杠螺母传动副等组成。数控系统每发出一个指令脉冲，经驱动电路功率放大后，驱动步进电动机旋转一个固定角度（即步距角），再经传动机构带动工作台移动。这类系统信息流是单向的，即进给脉冲发出去后，实际移动值不再反馈回来，所以称为开环控制。

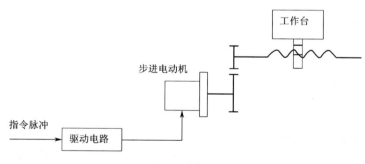

图 7-3　开环伺服系统

3. 步进伺服系统

步进伺服系统亦称为开环位置伺服系统，其驱动元件为步进电动机。功率步进电动机盛行于 20 世纪 70 年代，且控制系统的结构最简单，控制最容易，维修最方便，控制为全数字化（即数字化的输入指令脉冲对应着数字化的位置输出），这完全符合数字化控制技术的要求，数控系统与步进电动机的驱动控制电路结为一体。

随着计算机技术的发展，除功率驱动电路之外，其他硬件电路均可由软件实现，从而简化了系统结构，降低了成本，提高了系统的可靠性。但步进电动机的耗能太大，速度也不高，当其在脉冲当量 δ 为 1 μm 时，最高移动速度仅有 2 mm/min，且功率越大移动速度越低，所以主要用于速度与精度要求不高的经济型数控机床及旧设备改造中。

二、认知步进电动机

步进电动机是一种将电子数字脉冲信号转变为机械运动的电磁增量的运动器件。典型的电动机绕组固定在定子上,而转子则由硬磁或软磁材料组成。当控制系统将一个电脉冲信号经功率装置加到定子绕组中,电动机便会沿一定的方向旋转一步。脉冲的频率决定电动机的转速,电动机转动的角度与所输入的电脉冲个数成正比。因此,只要简单地改变输入脉冲的数目,就能控制步进电动机的转子运行角度,从而达到位置控制的目的。

1. 步进电动机简介

步进电动机(图7-4)是将电脉冲信号转换为相应的角位移或直线位移,专门用于速度和位置精确控制的一种特种电动机,每输入一个电脉冲信号,电动机就转动一个角度(称为步距角),它的运动形式是步进式的,所以称为步进电动机。

图7-4 步进电动机

步进电动机有以下特点:

① 运行角度正比于输入脉冲,便于开环运行;
② 具有锁定转矩;
③ 定位精度高,并且没有累积误差;
④ 具有优良的启动、停止、反转响应;
⑤ 无电刷,可靠性高;
⑥ 可低速运行和直接驱动负载;
⑦ 不适宜的控制会引起振动;
⑧ 不宜运行于高速状态。

2. 步进电动机的工作原理

步进电动机主要由两部分构成:定子和转子。它们均由磁性材料构成。下面以一台最简单的三相反应式步进电动机为例,简介步进电动机的工作原理。

图7-5是一台三相反应式步进电动机的原理图。定子铁芯为凸极式,共有3对(6个)磁极,每两个空间相对的磁极上绕有一相控制绕组。转子用软磁性材料制成,也是凸极结构,只有4个齿,齿宽等于定子的极宽。

当A相控制绕组通电,其余两相均不通电,电动机内建立以定子A相极为轴线的磁场。由于磁通具有力图走磁阻最小路径的特点,使转子齿1、3的轴线与定子A相极轴线对齐,如图7-5(a)所示。当A相控制绕组断电,B相控制绕组通电时,转子在反应转矩的作用下,逆时针转过30°,使转子齿2、4的轴线与定子B相极轴线对齐,即转子走了一步,如图7-5(b)所示。若再断开B相,使C相控制绕组通电,转子逆时针方向又转过30°,使转子齿1、3的轴线与定子C相极轴线对齐,如图7-5(c)所示。如此按A—B—C—A的顺序轮流通电,转子就会一步一步地按逆时针方向转动。

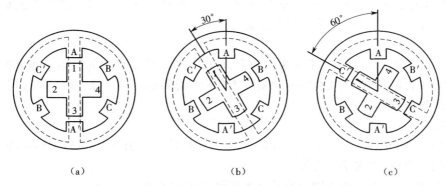

（a）　　　　　　　　　　（b）　　　　　　　　　　（c）

图 7-5　三相反应式步进电动机的原理图

（a）A 相通电；（b）B 相通电；（c）C 相通电

3. 步进电动机的常用术语

相数：指电动机内部的线圈组数，目前常用的有两相、三相、五相步进电动机。

拍数：完成一个磁场周期性变化所需脉冲数或导电状态，用 m 表示，或指电动机转过一个齿距角所需脉冲数。

保持转矩：指步进电动机通电但没有转动时，定子锁住转子的力矩。

步距角：每输入一个电脉冲信号时转子转过的角度。步进角的大小可直接影响电动机的运行精度。

定位转矩：电动机在不通电状态下，电动机转子自身的锁定力矩。

失步：电动机运转时运转的步数，不等于理论上的步数。

失调角：转子齿轴线偏移定子齿轴线的角度。电动机运转必存在失调角，由失调角产生的误差，采用细分驱动是不能解决的。

运行矩频特性：电动机在某种测试条件下测得运行中输出力矩与频率的关系曲线。

整步：最基本的驱动方式，这种驱动方式的每个脉冲使电动机移动一个基本步距角。例如标准两相电动机的一圈共有 200 个步距角，则整步驱动方式下，每个脉冲使电动机移动 1.8°。

半步：在单相激磁时，电动机转轴停至整步位置上，驱动器收到下一个脉冲后，如给另一相激磁且保持原来相继续处在激磁状态，则电动机转轴将移动半个基本步距角，停在相邻两个整步位置的中间。如此循环地对两相线圈进行单相然后两相激磁，步进电动机将以每个脉冲半个基本步距角的方式转动。

细分：细分就是指电动机运行时的实际步距角是基本步距角的几分之一。如驱动器工作在 10 细分状态时，其步距角只为电动机固有步距角的十分之一，也就是说，当驱动器工作在不细分的整步状态时，控制系统每发一个步进脉冲，电动机转动 1.8°，而用细分驱动器工作在 10 细分状态时，电动机只转动了 0.18°。细分功能完全是由驱动器靠精度控制电动机的相电流所产生的，与电动机无关。

4. 步进电动机的选型

步进电动机的选型主要依据步距角、静转矩及电流三大要素确定。

（1）步距角的选择

电动机的步距角取决于负载精度的要求，将负载的最小分辨率（当量）换算到电动机轴上,每个当量电动机应走多少角度(包括减速),电动机的步距角应等于或小于此角度。一般采用二相 0.9°或 1.8°的电动机和细分驱动器。

（2）静力矩的选择

步进电动机的动态力矩一下子很难确定,往往先确定电动机的静力矩。静力矩选择依据是电动机工作的负载,而负载可分为惯性负载和摩擦负载两种。静力矩一旦选定,电动机的机座及长度便能确定下来。

（3）电流的选择

静力矩一样的电动机,由于电流参数不同,其运行特性差别很大,可依据矩频特性曲线,判断电动机的电流(参考驱动电源及驱动电压)。

综上所述,选择电动机一般应遵循以下步骤,如图 7-6 所示。

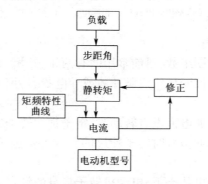

图 7-6　步进电动机的选型步骤

三、认识步进电动机的驱动器

步进电动机不能直接接到工频交流或直流电源上工作,需要专门的驱动装置(驱动器)供电,它由脉冲发生控制单元、功率驱动单元、保护单元等组成。步进电动机的驱动器能使步进电动机运转的功率放大,能把控制器发来的脉冲信号转化为步进电动机的角位移,电动机的转速与脉冲频率成正比,所以控制脉冲频率可以精确调速,控制脉冲数就可以精确定位。

由图 7-7 可见,步进电动机驱动器的功能是接收来自控制器(PLC)的一定数量和频率的脉冲信号以及电动机旋转方向的信号,为步进电动机输出功率脉冲信号。

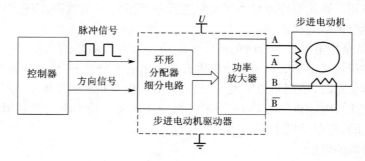

图 7-7　步进电动机驱动器的组成

步进电动机驱动器的组成主要包括脉冲分配器和脉冲放大器两部分,主要解决向步进电动机的各相绕组分配输出脉冲和功率放大两个问题。

脉冲分配器是一个数字逻辑单元,它接收来自控制器的脉冲信号和转向信号,把脉冲信号按一定的逻辑关系分配到每一相脉冲放大器上,使步进电动机按选定的运行方式工作。由于步进电动机各相绕组是按一定的通电顺序并不断循环来实现步进功能的,因此脉冲分配器也称为环形分配器。

脉冲放大器是进行脉冲功率放大的。因为从脉冲分配器能够输出的电流很小(毫安级),而步进电动机工作时需要的电流较大,因此需要进行功率放大。

四、步进电动机的控制方式

1. 开环控制

步进电动机最显著的优势是不需要位置反馈信号就能够进行精确的位置控制。这种开环控制形式省去了昂贵的位置传感器件,只需对输入指令脉冲信号计数,就能知道电动机的位置。

图 7-8 所示的是一个步进电动机开环控制的基本组成,它包括驱动电路、脉冲发生器和能使电动机绕组按特定相序励磁的脉冲分配器。

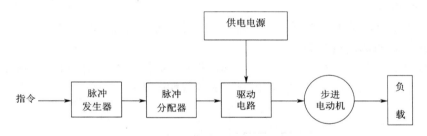

图 7-8 步进电动机的开环控制原理图

2. 闭环控制

在开环控制系统中,电动机响应走步指令后的实际运行情况,控制系统是无法预测和监视的。在一些运行速度范围宽、负载大小变化频繁的场合,步进电动机容易失步,而使整个系统趋于失控。这时候,可以对步进电动机进行位置闭环控制。控制系统对电动机转子位置进行检测,并将信号反馈至控制单元,使得系统对步进电动机发出的走步命令,只有得到相应实际位置响应后,才算完成。因此,闭环控制的最基本任务是防止步进电动机失步,实际上是一种简单的位置伺服系统。

图 7-9 为步进电动机闭环系统的原理图,整个系统是在开环系统的基础上增加了位置检测、数据处理的闭环控制电路。

五、步进电动机的 PLC 控制方法

1. FP1 的特殊功能简介

(1)脉冲输出

FP1 的输出端 Y7 可输出脉冲,脉冲频率可通过软件编程进行调节,其输出频率范围为360 Hz ~ 5 kHz。

(2)高速计数器(HSC)

FP1 内部有高速计数器,可同时输入两路脉冲,最高计数频率为 10 kHz,计数范围为−8 388 608 ~ +8 388 607。

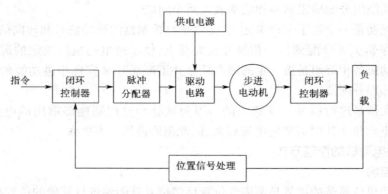

图 7-9　步进电动机的闭环控制原理图

（3）输入延时滤波

FP1 的输入端采用输入延时滤波，可防止因开关机械抖动带来的不可靠性，其延时时间可根据需要进行调节，调节范围为 1～128 ms。

（4）中断功能

FP1 的中断有两种类型，一种是外部硬中断，另一种是内部定时中断。

2. 步进电动机的速度控制

FP1 有一条 SPD0 指令，该指令配合 HSC 和 Y7 的脉冲输出功能可实现速度及位置控制。速度控制梯形图如图 7-10 所示，控制方式参数如图 7-11 所示。

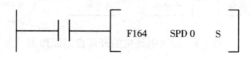

图 7-10　速度控制梯形图

S		
S+1	f1	设定初始脉冲频率
S+2	M1	设定目标位置对应的脉冲
S+3		
S+4	f2	设定下一个脉冲频率
S+5	M2	设定下一个目标位置对应的脉冲个数
S+6		
……	……	
S+N	fn	设定最终目标频率，该值应为"0"

图 7-11　控制方式参数

7.3 大展身手

任务 1 步进电动机与驱动器的安装与调试

一、任务要求

完成步进电动机及其驱动器、输入按钮与 PLC 的硬件连接。

二、任务实施

1. 步进电动机的安装和接线

安装步进电动机必须严格按照产品说明的要求进行。步进电动机是一种精密装置,安装时注意不要敲打它的轴端,更不要拆卸电动机。

不同的步进电动机的接线有所不同,例如 Kinco 三相步进电动机 3S57Q – 04056,它的步距角在整步方式下为 1.8°,在半步方式下为 0.9°,其接线图如图 7-12 所示,3 个相绕组的 6 根引出线必须按头尾相连的原则连接成三角形,改变绕组的通电顺序就能改变步进电动机的转动方向。

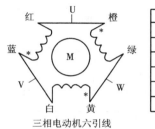

线色	电动机信号
红色	U
橙色	
蓝色	V
白色	
黄色	W
绿色	

图 7-12　步进电动机 3S57Q – 04056 的接线图

2. 步进电动机驱动器及 PLC 外部接线

一般来说,每一台步进电动机大都有其对应的驱动器,例如 Kinco 三相步进电动机 3S57Q – 04056,与之配套的驱动器是 Kinco 3M458 三相步进电动机驱动器。它的外形图和典型接线图如图 7-13 所示,图中驱动器可采用直流 24 ~ 40 V 电源供电。

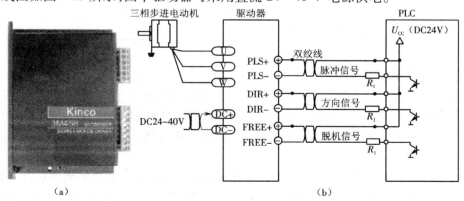

图 7-13　步进电动机驱动器 Kinco 3M458 的外形及其接线图

(a)外形　(b)接线图

在 3M458 驱动器的侧面连接端子中间有一个红色的八位 DIP 功能设定开关,可以用来设定驱动器的工作方式和工作参数,包括细分设置、静态电流设置和运行电流设置。图 7-14 是该 DIP 开关功能划分说明,表 7-1 和表 7-2 分别为细分设置表和电流设定表。

开关序号	ON 功能	OFF 功能
DIP1~DIP3	细分设置用	细分设置用
DIP4	静态电流全流	静态电流半流
DIP5~DIP8	电流设置用	电流设置用

图 7-14　3M458 DIP 开关功能划分说明

表 7-1　细分设置表

DIP1	DIP2	DIP3	细分
ON	ON	ON	400 步/转
ON	ON	OFF	500 步/转
ON	OFF	ON	600 步/转
ON	OFF	OFF	1 000 步/转
OFF	ON	ON	2 000 步/转
OFF	ON	OFF	4 000 步/转
OFF	OFF	ON	5 000 步/转
OFF	OFF	OFF	10 000 步/转

表 7-2　输出电流设置表

DIP5	DIP6	DIP7	DIP8	输出电流
OFF	OFF	OFF	OFF	3.0 A
OFF	OFF	OFF	ON	4.0 A
OFF	OFF	ON	ON	4.6 A
OFF	ON	ON	ON	5.2 A
ON	ON	ON	ON	5.8 A

3. 步进电动机使用注意

控制步进电动机运行时,应注意考虑防止步进电动机在运行中失步的问题。步进电动机失步包括丢步和越步。丢步时,转子前进的步数小于脉冲数;越步时,转子前进的步数多于脉冲数。丢步严重时,将使转子停留在一个位置上或围绕一个位置振动;越步严重时,设备将发生过冲。

使机械手返回原点的操作,常常会出现越步情况。当机械手装置回到原点时,原点开关动作,使指令输入 OFF。但如果到达原点前速度过高,惯性转矩将大于步进电动机的保持转矩而使步进电动机越步,因此回原点的操作应确保足够低速为宜。当步进电动机驱动机械手装配高速运行时紧急停止,出现越步情况不可避免,因此急停复位后应采取先低速返回原点重新校准,再恢复原有操作的方法。(注:所谓保持扭矩,是指电动机各相绕组通额定电流,且处于静态锁定状态时,电动机所能输出的最大转矩,它是步进电动机最主要参数之一。)

由于电动机绕组本身是感性负载,输入频率越高,励磁电流就越小;频率高,磁通量变化加剧,涡流损失加大。因此,输入频率增高,输出力矩降低。最高工作频率的输出力矩只能达到低频转矩的40%~50%。进行高速定位控制时,如果指定频率过高,会出现丢步现象。

此外,如果机械部件调整不当,会使机械负载增大,步进电动机不能过负载运行,哪怕是瞬间,都会造成失步,严重时停转或不规则原地反复振动。

任务 2 步进电动机与 PLC 控制的程序设计

一、任务要求

PLC 程序设计,用按钮控制步进电动机正转和反转的步进运转。

二、控制任务分析

按下正向启动按钮 SB1,步进电动机正转步进运行,按下反向启动按钮 SB2,步进电动机反转步进运行,按下停止按钮 SB3,步进电动机停止运行。

三、PLC 的输入/输出分配

经过以上分析,PLC 的输入/输出分配如表 7-3 所示。

表 7-3 输入/输出分配表

输入			输出		
名称	元件代号	PLC 的 I/O 点	名称	元件代号	PLC 的 I/O 点
正向启动按钮	SB1	X0	脉冲信号		Y0
反向启动按钮	SB2	X1	方向信号		Y1
停止按钮	SB3	X2			

PLC 的输入/输出和驱动器、驱动器和步进电动机的接线如图 7-13 所示。

四、程序设计

PLC 控制步进电动机正反转的梯形图程序如图 7-15 所示。当 X0 的常开触点接通后,辅助继电器 M0 通电,驱动器向步进电动机发送频率为 1 000 Hz 的 10 000 个脉冲信号,线圈 Y0 和 Y1 通电,步进电动机正转;当 X1 的常开触点接通后,辅助继电器 M0、M1 通电,此时 M1 的常闭触点变为常开触点,驱动器向步进电动机发送脉冲,线圈 Y0 通电而线圈 Y1 断电,步进电动机反转。

上面 PLC 程序采用可调速脉冲输出指令"DPLSR",通过 PLC 的 Y0 输出端产生脉冲给步进电动机驱动器,驱动步进电动机按升降速方式运行。项目中使用的 PLC 为 FX_{2N} - 128MT,属于晶体管输出型,其输出端 Y0、Y1 均可产生高速脉冲,其频率为 10 kHz 以下。

可调速脉冲输出指令"DPLSR"的使用方法如图 7-16 所示,其中:

①S1 的设定范围为 10 ~ 20 000 Hz;

②S2 的设定范围为 110 ~ 2 147 483 647PLS(因为 DPLSR 为 32 位运算指令);

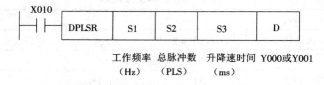

图 7-15　PLC 控制步进电动机的梯形图

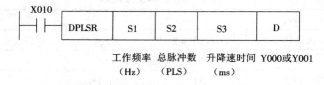

工作频率　总脉冲数　升降速时间　Y000或Y001
　（Hz）　　（PLS）　　（ms）

图 7-16　可调速脉冲输出指令"DPLSR"的使用方法

③S3 的设定范围为 500 ms 以下；

④D 的规定，只能为 Y0 或 Y1，一定为晶体管输出。

五、PLC 的程序调试

①打开软件、创建文件、编写梯形图。

②接通 PLC 电源，将 PLC 的电源开关置于"ON"的位置，保证 PLC 面板上的 POWER 指示灯亮起。

③下载程序到 PLC，并运行程序。打开 PLC 运行程序的开关，使运行指示灯 RUN 亮，进入运行程序的状态。

④调试程序：

按下正转启动按钮 SB1，输入继电器 X0 指示灯亮，步进电动机正转；

按下反转启动按钮 SB2，输入继电器 X1 指示灯亮，步进电动机反转；

按下停止按钮 SB3，输入继电器 X2 指示灯亮，步进电动机停止。

144

7.4　举一反三

任务　小车自动回原点的设计

使用已学知识编写控制小车回原点(图7-17)的 PLC 程序,具体要求如下。

①按下回原点按钮,小车运行至原点后停止,此时小车所处的位置坐标为 0。系统启动运行时,首先必须找一次原点位置。

②任意设定 A 位置的对应坐标值,按下启动按钮,小车自动运行到 A 点后停止 5 s,再自动返回到原点位置结束。运行过程中若按停止按钮则小车立即停止,运行过程结束。

③当小车碰到左限位或右限位开关动作时,小车应立即停止。

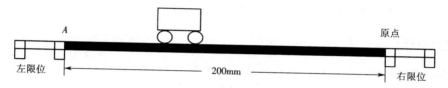

图 7-17　小车自动回原点的路线图

项目八 四层电梯的 PLC 控制

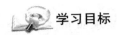 学习目标

【知识目标】

1. 理解并掌握霍尔开关的原理及应用。
2. 掌握三菱 FX_{2N} 系列 PLC 的基本逻辑指令的应用。
3. 了解电梯控制的基本要求。
4. 进一步熟悉三菱 FX_{2N} 系列 PLC 的程序设计方法。

【能力目标】

1. 能够理解并熟练地应用经验设计法设计梯形图。
2. 能够利用基本逻辑指令设计梯形图程序。
3. 会编程、调试实现四层电梯的 PLC 控制。

8.1 项目介绍

一、项目背景

电梯作为现代高层建筑的垂直交通工具,与人们的生活紧密相关,随着人们对其要求的提高,我国的电梯生产技术得到了迅速发展。目前电气控制系统主要有三种控制方式:继电器-接触器控制系统(早期安装的电梯多为继电器-接触器控制系统)、PLC 控制系统、微机控制系统。继电器-接触器控制系统由于故障率高、可靠性差、控制方式不灵活以及消耗功率大等缺点,目前已逐渐被淘汰。微机控制系统虽在智能控制方面有较强的功能,但也存在抗扰性差、系统设计复杂、一般维修人员难以掌握其维修技术等缺陷。而 PLC 控制系统由于运行可靠性高、使用维修方便、抗干扰性强、设计和调试周期较短等优点,备受人们重视,已成为目前在电梯控制系统中使用最多的控制方式,目前也广泛用于传统继电器-接触器控制系统的技术改造。

自 20 世纪 80 年代后期 PLC 引入我国电梯行业以来,由 PLC 组成的电梯控制系统被许多电梯制造厂家普遍采用,并形成了一系列的定型产品。在传统继电器-接触器系统的改造工程中,PLC 控制系统一直是电梯行业的主流控制系统。

二、项目要求

电梯在垂直运行过程中,有起点站,也有终点站。对于三层楼以上的建筑物的电梯,起点站和终点站之间还设有停靠站,起点站设在一层,终点站设在最高层。设在一层的起点站称为基站,起点站和终点站称为两端站,两端站之间称为中间站。

各层门厅外设有召唤控制面板,面板上设置有供乘用人员召唤电梯用的召唤按钮或触钮,一般电梯在两端站的召唤控制面板上各设置一个按钮或触钮,中间层站的召唤控制面板

各设置两个按钮或触钮,称外指令按钮或触钮。在电梯的轿厢内部也设置有操纵控制面板。操纵控制面板上设置有与层站对应的按钮或触钮,称为内指令按钮或触钮。外指令按钮或触钮发出的电信号称为外指令信号,内指令按钮或触钮发出的电信号称为内指令信号。

作为电梯基站的厅外召唤箱,除设置一个召唤按钮或触钮外,还设置一个钥匙开关,以便下班关电梯时,司机或管理人员把电梯开到基站后,可以通过专用钥匙扭动该钥匙开关,把电梯的厅门关闭妥当后,自动切断电梯控制电源或动力电源。

1. 输入信号分析

根据电梯控制的特点,输入信号应该包括以下几个部分。

(1)轿厢内及各层门厅外呼按钮

主要是轿厢内的楼层选择数字键 1~4,需要 4 个输入;各层门厅外呼按钮,除一层只设置上升按钮,四层只设置下降按钮外,其他层均设置上升和下降两个按钮,需要 6 个输入。合计需要 10 个输入。

(2)位置信号

位置信号由安装于各楼层电梯停靠位置的 4 个传感器产生,平时为常开,当电梯运行到平层时关闭。另外还有 2 个开关门限位开关,2 个轿厢上下行极限位置限位开关。所以位置信号一共需要 8 个输入。

(3)电梯门控制信号

大部分电梯都具有开门按钮、关门按钮,以方便手动开关门。另外还有关门检测信号,防止电梯夹人。一共需要 3 个输入。

综上所述,共需要输入点 21 个。

2. 输出信号分析

根据电梯控制的特点,输出信号应该包括以下几个部分。

(1)内呼指示信号

内呼指示信号共有 4 个,分别用来表示 1~4 层楼层内呼的指令被接收,并在内呼指令完成后,信号消失。

(2)外呼指示信号

外呼指示信号共有 6 个,分别用来表示 1~4 层楼层外呼的指令被接收,并在外呼指令完成后,信号消失。

(3)电梯上下行指示信号

电梯上下行指示信号共 4 个。

(4)电梯门开关指示信号

电梯门开门指示信号共需 2 个输出点。

综上所述,共需要输出点 16 个。

8.2 必备知识

一、检测技术知识积累——霍尔开关

1. 什么是霍尔效应

当一块通有电流的金属或半导体薄片垂直地放在磁场中时,薄片的两端就会产生电位差,这种现象就称为霍尔效应。薄片两端具有的电位差值称为霍尔电势 U,其表达式为 $U = K \cdot I \cdot B/d$,其中 K 为霍尔系数,I 为薄片中通过的电流,B 为外加磁场的磁感应强度,d 是薄片的厚度。

2. 霍尔开关

霍尔效应的灵敏度高低与外加磁场的磁感应强度成正比关系,霍尔元件属于有源磁电转换器件,是一种磁敏元件。它是在霍尔效应原理的基础上,利用集成封装和组装工艺制作而成,它可方便地把磁输入信号转换成实际应用中的电信号,同时又满足工业场合实际应用易操作及对可靠性的要求。霍尔开关就是利用霍尔元件的这一特性制作的,它的输入端是以磁感应强度 B 来表征的,当 B 值达到一定的程度(如 B_1)时,霍尔开关内部的触发器翻转,霍尔开关的输出电平状态也随之翻转。输出端一般采用晶体管输出,和其他传感器类似有 NPN、PNP、常开型、常闭型、锁存型(双极性)、双信号输出型之分。霍尔开关具有无触点、低功耗、长使用寿命、响应频率高等特点,内部采用环氧树脂封灌成一体化,所以能在各类恶劣环境下可靠的工作。

当磁性物件移近霍尔开关时,开关检测面上的霍尔元件因产生霍尔效应而使开关内部电路状态发生变化,由此识别附近有磁性物体存在,进而控制开关的通或断,如图 8-1 和图 8-2 所示。这种接近开关的检测对象必须是磁性物体。

图 8-1　霍尔接近开关　　　　　　图 8-2　霍尔接近开关原理框图

霍尔接近开关是建立在霍尔开关元件基础上的非接触式传感器,它既有霍尔开关元件所具有的无触点、无开关瞬态抖动、高可靠性和长寿命等特点,又有很强的负载能力和广泛的作用,特别是在恶劣环境下,它比目前使用的电感式、电容式、光电式等接近开关具有更强的抗干扰能力。

二、电梯入门知识

(一)电梯的基本分类

1. 按用途分类

①乘客电梯:为运送乘客而设计的电梯。其运行速度比较快,自动化程度比较高,乘客能畅通地进出,而且安全设施齐全。

②载货电梯:为运送货物而设计的并通常有人操作的电梯。这类电梯装潢不太讲究,自动化程度和速度一般比较低。

③住宅电梯:为住宅楼使用设计的电梯,一般采用下集选控制方式,允许搭载残疾人的轮椅、童车及家具等。

④杂物电梯:供图书馆、办公楼、饭店等运送图书、文件、食品等物品,不允许人员进入电梯。此种电梯结构简单,操纵按钮在厅门外侧。

⑤船用电梯:固定安装在船舶上为乘客和船员或其他人员使用的电梯。

⑥汽车用电梯:用于垂直运输各种车辆的电梯,常用于立体停车场及汽车库等场所。其特点是大轿厢、大载重量。

⑦观光电梯:观光电梯是一种供乘客观光使用的、轿厢透明的电梯。一般安装在高大建筑物的外壁,供乘客观光建筑物的周围外景。

⑧病床电梯:为医院运送病床而设计的电梯。

⑨消防梯:火警情况下能适应消防员消防使用的电梯,非火警情况下可作为一般客梯或货梯使用。

⑩建筑施工电梯:指建筑施工与维修用的电梯。

⑪扶梯:装于商业大厦、火车站、飞机场,供顾客或乘客上下楼用。

⑫自动人行道(也叫自动步梯):用于档次要求很高的国际机场、火车站。

2. 按驱动系统分类

牵引电动机是交流异步电动机的交流电梯有以下四类。

①交流单速电梯:牵引电动机为交流单速异步电动机。

②交流双速电梯:牵引电动机为电梯专用的变极对数的交流异步电动机。

③交流调速电梯:牵引电动机为电梯专用的单速或多速交流异步电动机,而电动机的驱动控制系统在电梯的启动加速 – 稳速 – 制动减速(或仅是制动减速)过程中采用调压调速或涡流制动器调速或变频变压调速的方式。

④直流电梯:牵引电动机是电梯专用直流电动机。

(二)电梯的型号编制

型号,即采用一组字母和数字,以简单明了的方式,将电梯的基本规格的主要内容表示出来。我国城乡建设环境保护部颁发的 JJ45 – 86《电梯、液压梯产品型号的编制方法》中规定的电梯型号编制法如图 8-3 和表 8-1 所示。

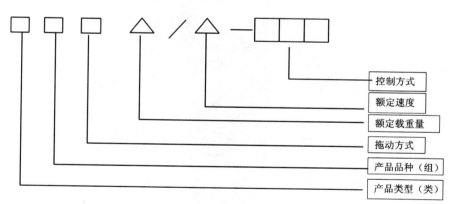

图 8-3　电梯型号识别图

表 8-1　品种(组)代号表

产品品种	代表汉字	拼音	采用代号	产品品种	代表汉字	拼音	采用代号
乘客电梯	客	KE	K	杂物电梯	物	WU	W
载客电梯	货	HUO	H	船用电梯	船	CHUAN	C
客货(两用)电梯	两	LIANG	L	观光电梯	观	GUAN	G
病床电梯	病	BING	B	汽车用电梯	汽	QI	Q
住宅电梯	住	ZHU	Z				

型号中,类别代号用 T 表示电梯;拖动方式中用 J 表示交流,用 Z 表示直流,用 Y 表示液压,用 C 表示齿轮齿条拖动。控制方式代号见表 8-2。

表 8-2　控制方式代号表

控制方式	代表汉字	采用代号	控制方式	代表汉字	采用代号
手柄开关控制,自动门	手,自	SZ	信号控制	信号	XH
手柄开关控制,手动门	手,手	SS	集选控制	集选	JX
按钮控制,自动门	按,自	AZ	并联控制	并联	BL
按钮控制,手动门	按,手	AS	梯群控制	群控	OK

（三）电梯的主要参数

电梯的主要参数包括:额定载重量(kg)、轿厢尺寸(mm)、轿厢形式、开门宽度(mm)、开门方向、牵引方式、额定速度(m/s)、电气控制系统、停层站数(站)、提升高度(mm)、顶层高度(mm)、底层深度(mm)、井道高度(mm)、井道尺寸(mm)等。

（四）电梯的工作原理

载客电梯结构示意图如图 8-4 所示,当曳引机组的曳引轮旋转时,依靠嵌在曳引轮槽中的钢丝绳与曳引槽之间的摩擦力,驱动钢丝绳来升降轿厢,曳引钢丝绳一端挂着轿厢,另一端悬挂对重,产生拉力分别为 S_1 和 S_2。当 S_1 和 S_2 的差值等于或小于绳槽之间摩擦力时,电梯正常运行,绳槽之间无打滑现象。

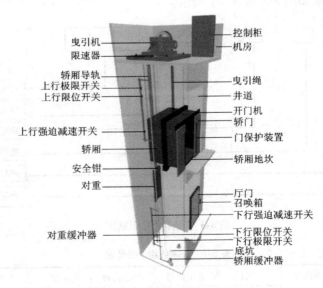

图 8-4　载客电梯结构示意图

8.3 大展身手

任务1 四层电梯 PLC 控制的程序设计

一、PLC 的输入/输出分配及型号选择

项目的控制要求在"8.1 项目介绍"中进行了详细的介绍,根据控制要求,PLC 输入/输出分配见表 8-3 和表 8-4。

表 8-3 输入分配表

序号	名称	PLC 的输入点	序号	名称	PLC 的输入点
0	四层内选按钮 SB4	X000	11	二层接近开关 SQ2	X013
1	三层内选按钮 SB3	X001	12	三层接近开关 SQ3	X014
2	二层内选按钮 SB2	X002	13	四层接近开关 SQ4	X015
3	一层内选按钮 SB1	X003	14	上行极限位置	X016
4	四层下呼按钮 D4	X004	15	下行极限位置	X017
5	三层下呼按钮 D3	X005	16	开门限位开关	X020
6	二层下呼按钮 D2	X006	17	关门限位开关	X021
7	一层上呼按钮 U1	X007	18	手动开门	X022
8	二层上呼按钮 U2	X010	19	手动关门	X023
9	三层上呼按钮 U3	X011	20	关门检测	X024
10	一层接近开关 SQ1	X012			

表 8-4 输出分配表

序号	名称	PLC 的输出点	序号	名称	PLC 的输出点
0	四层指示 L4	Y000	8	二层内选指示 SE2	Y010
1	三层指示 L3	Y001	9	一层内选指示 SE1	Y011
2	二层指示 L2	Y002	10	一层上呼指示 UP1	Y012
3	一层指示 L1	Y003	11	二层上呼指示 UP2	Y013
4	轿厢下降指示 DOWN	Y004	12	三层上呼指示 UP3	Y014
5	轿厢上升指示 UP	Y005	13	二层下呼指示 DN2	Y015
6	四层内选指示 SE4	Y006	14	三层下呼指示 DN3	Y016
7	三层内选指示 SE3	Y007	15	四层下呼指示 DN4	Y017

综合输入、输出点的计算以及要实现的电梯控制功能,三菱 FX_{2N} 系列的 PLC 完全能实现设计要求。FX_{2N} 系列的 PLC 是一款面对中小型工业应用的 PLC,输入/输出点、内存容量以及响应时间均符合条件,所以选用了 FX_{2N} – 48MR 型号的 PLC。

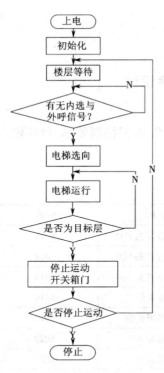

图 8-5　电梯运行流程图

二、程序设计

（一）程序流程图

系统工作过程分析：

①初始化；

②确认本层与目标层，并检测是否有厢内或厢外呼叫，无则结束；

③若有呼叫，分辨本层与目标层是否一致，是则开门；

④确认电梯启动方向；

⑤电梯启动；

⑥电梯加速；

⑦电梯高速运行；

⑧楼层检测；

⑨是否为目标层，不是则继续高速运行；

⑩到达目标层，电梯减速；

⑪到层检测；

⑫电梯制动；

⑬开门；

⑭延时后再关门；

⑮是否停止运动，是则原地等待；

⑯确认运行结束，是则停止运行。

电梯运行流程图如图 8-5 所示。

（二）控制要求

所设计的电梯控制系统共有四层。电梯的每一层面均有升降及轿厢所在楼层的指示灯显示，1～4 所对应的指示灯表示楼层号，每层的楼厅均有输入（分上行和下行）按钮召唤电梯。工作中的电梯主要对各种呼梯信号和当时的运行状态进行综合分析，再确定下一个工作状态，为此它要求具有自动选向、顺向截梯和反向保号、外呼记忆、自动开关门、停梯信号、自动达层等功能。

分析以上控制要求，将电梯控制要实现的功能罗列如下。

①开始时，电梯处于任意一层。

②当有外呼梯信号到来时，电梯响应该呼梯信号，到达该楼层时，电梯停止运行，电梯门自动打开，延时 3 s 后自动关门。

③在电梯运行过程中（上升或下降），任何反向（下降或上升）的呼梯信号均不响应；如果某反向呼梯信号前方再无其他呼梯信号，则电梯响应该呼梯信号。

④电梯应具有最远反向呼梯功能。

⑤电梯未平层或运行时，开门按钮和关门按钮均不起作用。平层且电梯停止运行后，按开门按钮可使电梯门打开，按关门按钮可使电梯门关闭。

（三）过程分析

1. 电梯上行设计要求

①二层、三层、四层同时上行呼叫，电梯上行到二层，接近开关控制停止，同时轿厢门与

厅门打开,3 s 后轿厢门与厅门关闭,继续上行到三层,接近开关控制停止,同时轿厢门打开,3 s后轿厢门与厅门关闭,继续上行到四层行程控制停止。

②当电梯停于一层,上面楼层只有 1 个或 2 个呼梯信号时,则电梯上行到该楼层或顺次到停 2 个呼楼楼层,轿厢门与厅门的开关要求同上一条。

③当电梯停于二层或三层时,上面楼层呼叫,其控制要求参考电梯停于一层时的情况。

2. 电梯下行设计要求

①当电梯停于四层,一层、二层、三层同时下行呼梯时,则下行到三层,接近开关控制停止,同时轿厢门与厅门打开,3 s 后轿厢门与厅门关闭,继续下行到二层,接近开关控制停止,同时轿厢门与厅门打开,3 s 后轿厢门与厅门关闭,继续下行到一层,接近开关控制停止。

②当电梯停于四层,下面楼层只有 1 个或 2 个呼梯信号时,则电梯下行到该楼层或顺次到停 2 个呼楼楼层,轿厢门与厅门所开关要求同上一条。

③当电梯停于二层或三层时,下面楼层呼梯,其控制要求参考电梯停于四层时的情况。

（四）程序设计

根据控制要求,编写的参考梯形图如图 8-6 所示。

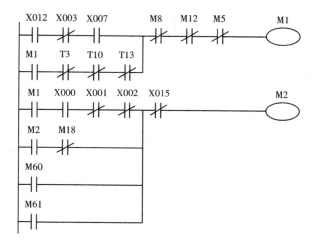

图 8-6　四层电梯梯形图

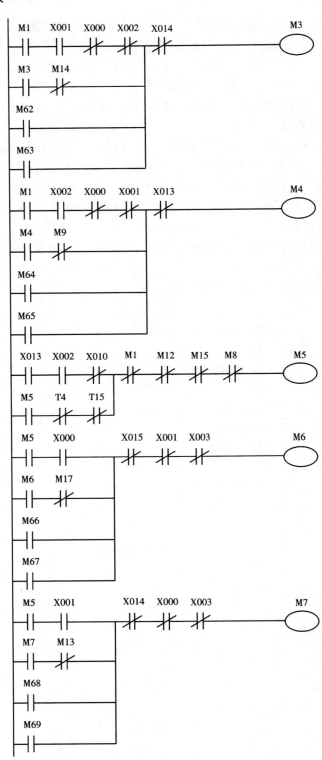

图 8-6　四层电梯梯形图（续 1）

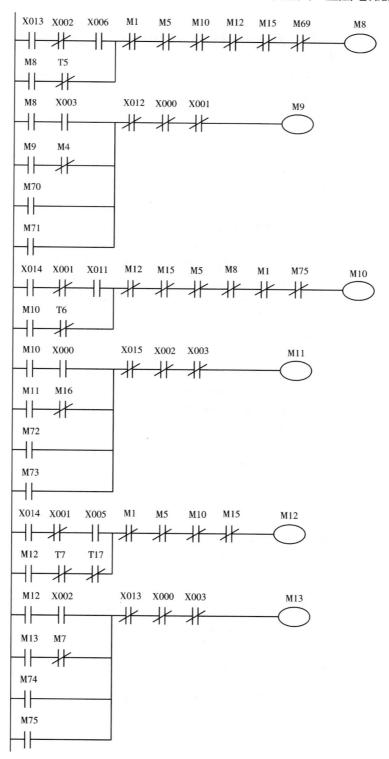

图 8-6 四层电梯梯形图(续 2)

155

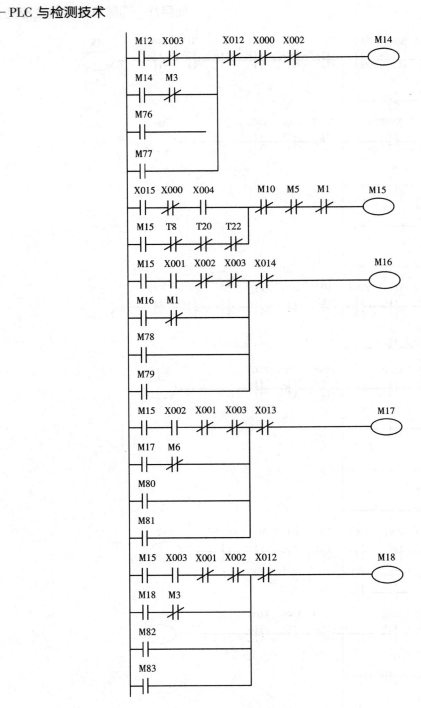

图 8-6　四层电梯梯形图（续 3）

图 8-6　四层电梯梯形图(续 4)

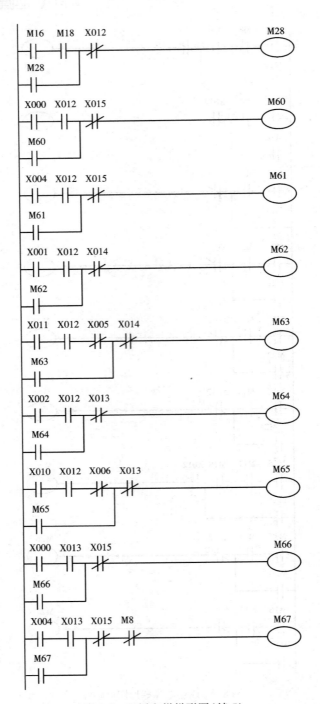

图 8-6 四层电梯梯形图（续 5）

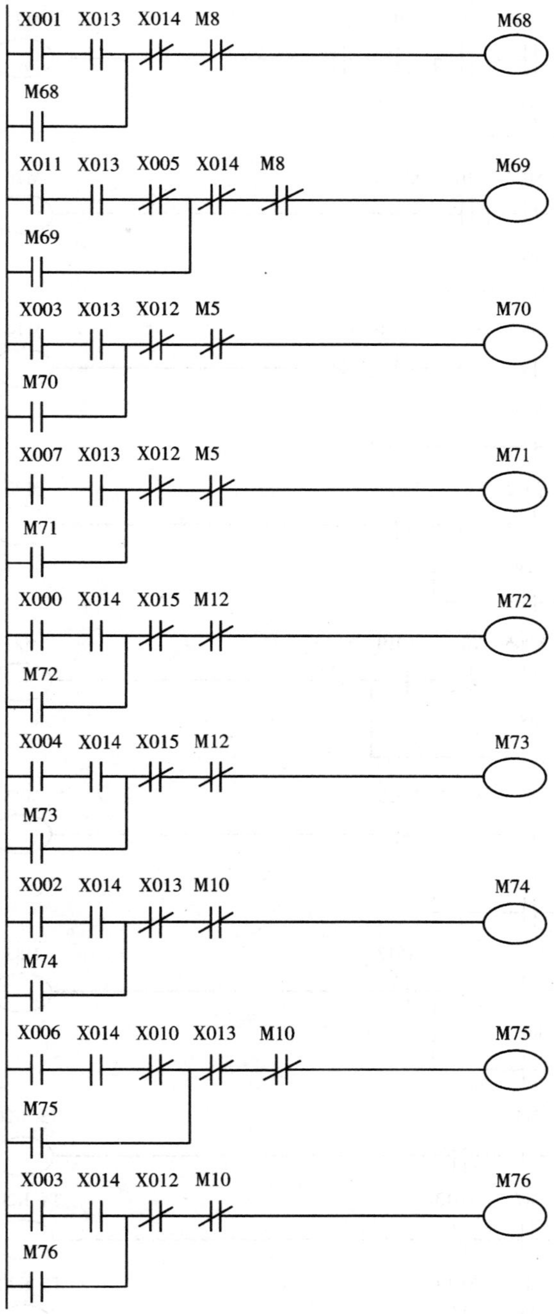

图 8-6　四层电梯梯形图(续 6)

159

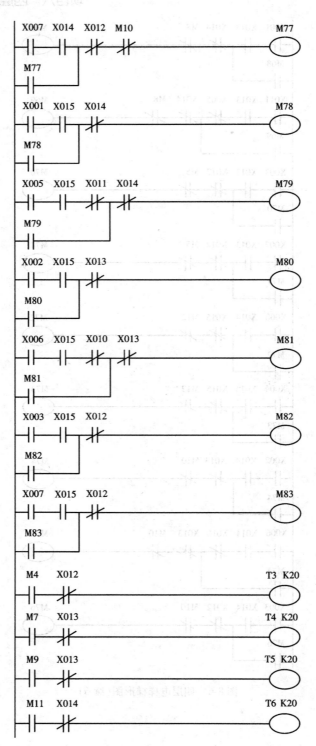

图 8-6　四层电梯梯形图(续7)

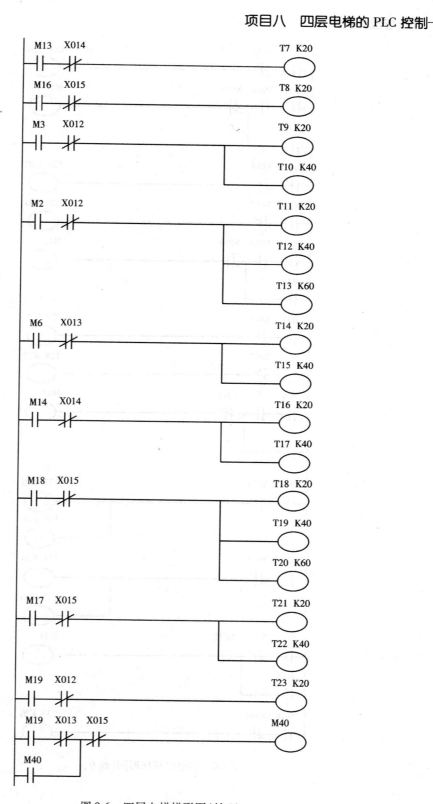

图 8-6 四层电梯梯形图（续8）

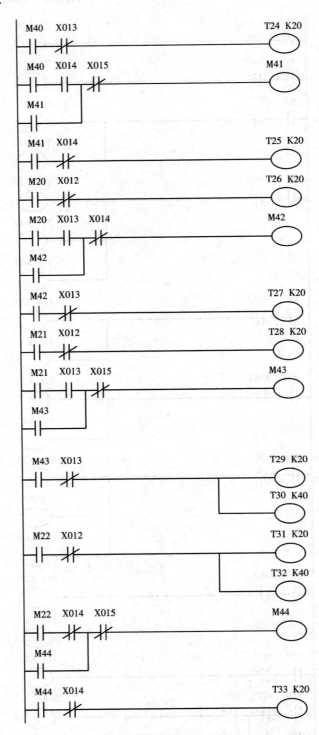

图 8-6　四层电梯梯形图（续9）

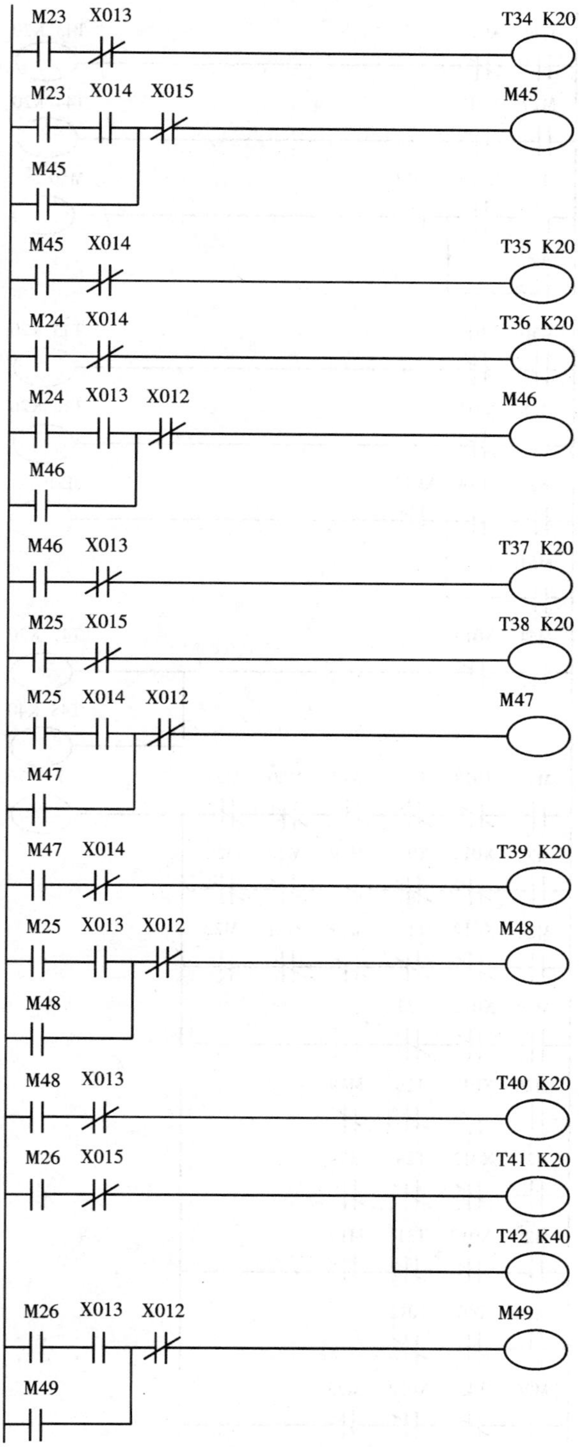

```
M23   X013                              T34 K20
├┤├──┤/├───────────────────────────────( )

M23   X014  X015                        M45
├┤├──┤├──┤/├───────────────────────────( )
M45
├┤├──┘

M45   X014                              T35 K20
├┤├──┤/├───────────────────────────────( )

M24   X014                              T36 K20
├┤├──┤/├───────────────────────────────( )

M24   X013  X012                        M46
├┤├──┤├──┤/├───────────────────────────( )
M46
├┤├──┘

M46   X013                              T37 K20
├┤├──┤/├───────────────────────────────( )

M25   X015                              T38 K20
├┤├──┤/├───────────────────────────────( )

M25   X014  X012                        M47
├┤├──┤├──┤/├───────────────────────────( )
M47
├┤├──┘

M47   X014                              T39 K20
├┤├──┤/├───────────────────────────────( )

M25   X013  X012                        M48
├┤├──┤├──┤/├───────────────────────────( )
M48
├┤├──┘

M48   X013                              T40 K20
├┤├──┤/├───────────────────────────────( )

M26   X015                              T41 K20
├┤├──┤/├───────────────────────────────( )
                                        T42 K40
                                        ───( )

M26   X013  X012                        M49
├┤├──┤├──┤/├───────────────────────────( )
M49
├┤├──┘
```

图 8-6　四层电梯梯形图（续 10）

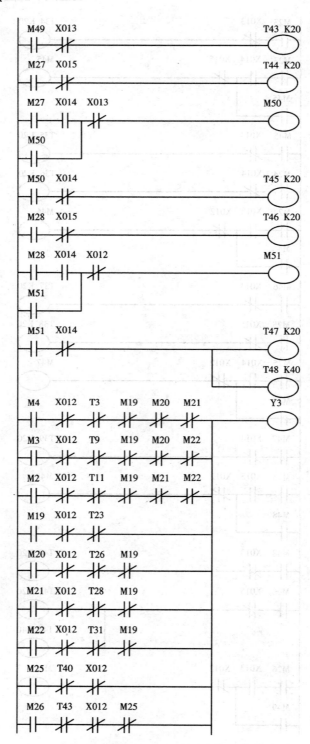

图 8-6　四层电梯梯形图（续 11）

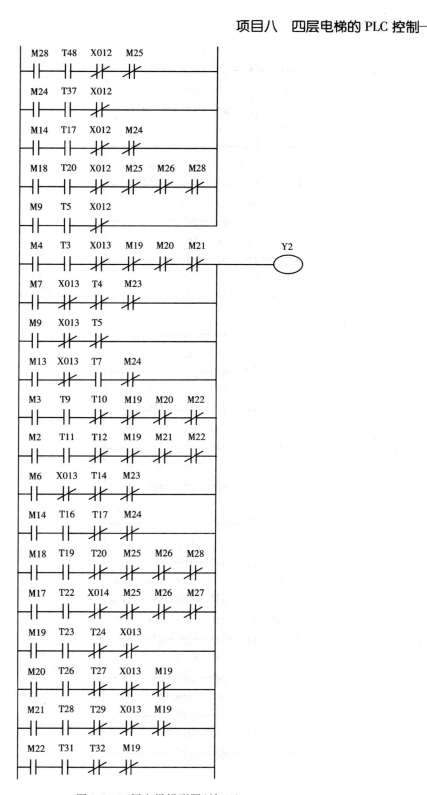

图 8-6　四层电梯梯形图（续 12）

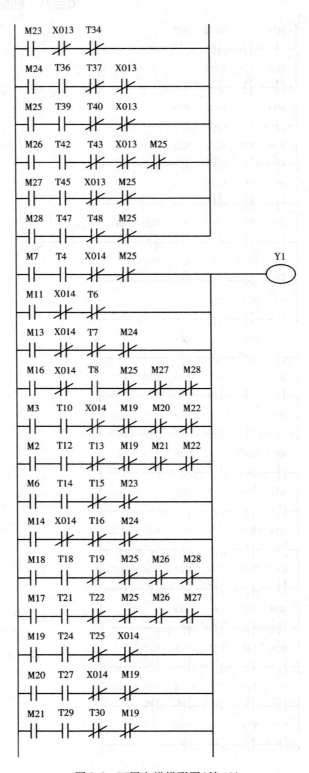

图 8-6　四层电梯梯形图(续 13)

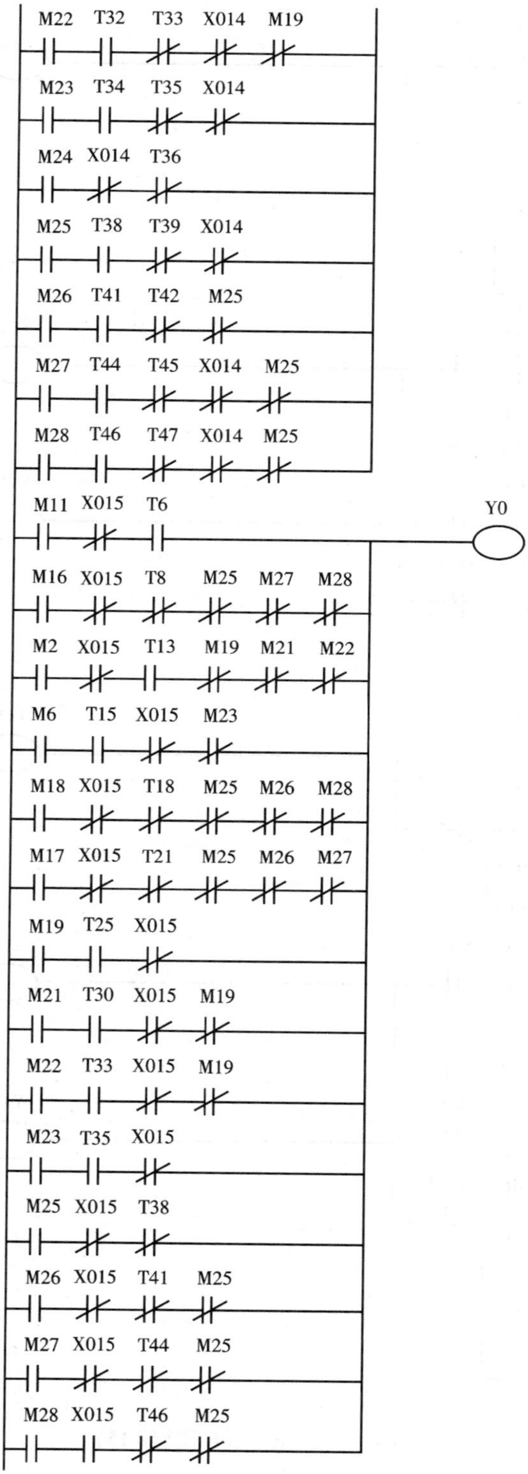

```
M22  T32  T33  X014  M19
─┤├──┤├──┤╱├──┤╱├──┤╱├─

M23  T34  T35  X014
─┤├──┤├──┤╱├──┤╱├─

M24  X014  T36
─┤├──┤╱├──┤╱├─

M25  T38  T39  X014
─┤├──┤├──┤╱├──┤╱├─

M26  T41  T42  M25
─┤├──┤├──┤╱├──┤╱├─

M27  T44  T45  X014  M25
─┤├──┤├──┤╱├──┤╱├──┤╱├─

M28  T46  T47  X014  M25
─┤├──┤├──┤╱├──┤╱├──┤╱├─

M11  X015  T6                                        Y0
─┤├──┤╱├──┤├─────────────────────────────────────（ ）

M16  X015  T8   M25  M27  M28
─┤├──┤╱├──┤╱├──┤╱├──┤╱├──┤╱├─

M2   X015  T13  M19  M21  M22
─┤├──┤╱├──┤├──┤╱├──┤╱├──┤╱├─

M6   T15  X015  M23
─┤├──┤├──┤╱├──┤╱├─

M18  X015  T18  M25  M26  M28
─┤├──┤╱├──┤╱├──┤╱├──┤╱├──┤╱├─

M17  X015  T21  M25  M26  M27
─┤├──┤╱├──┤╱├──┤╱├──┤╱├──┤╱├─

M19  T25  X015
─┤├──┤├──┤╱├─

M21  T30  X015  M19
─┤├──┤├──┤╱├──┤╱├─

M22  T33  X015  M19
─┤├──┤├──┤╱├──┤╱├─

M23  T35  X015
─┤├──┤├──┤╱├─

M25  X015  T38
─┤├──┤╱├──┤╱├─

M26  X015  T41  M25
─┤├──┤╱├──┤╱├──┤╱├─

M27  X015  T44  M25
─┤├──┤╱├──┤╱├──┤╱├─

M28  X015  T46  M25
─┤├──┤├──┤╱├──┤╱├─
```

图 8-6　四层电梯梯形图(续 14)

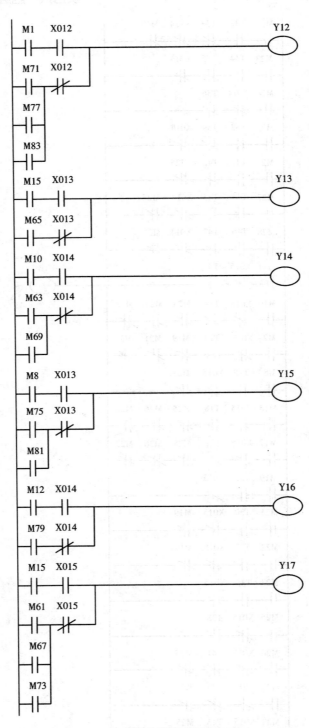

图 8-6　四层电梯梯形图(续 15)

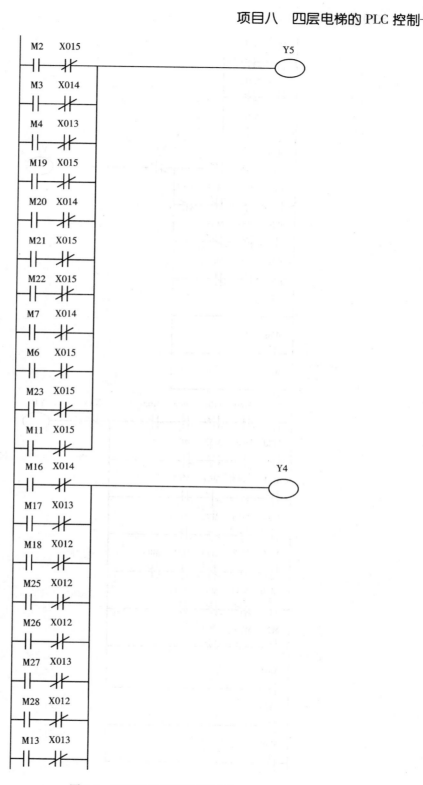

图 8-6 四层电梯梯形图(续 16)

169

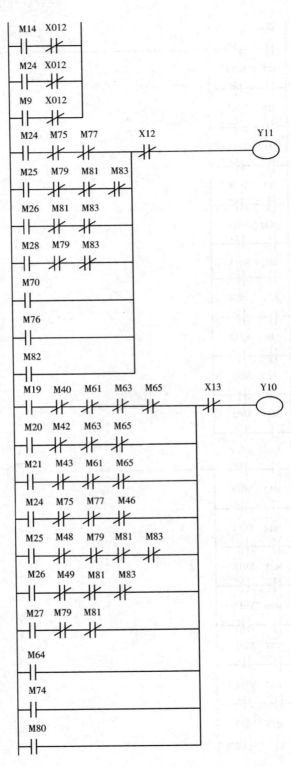

图 8-6　四层电梯梯形图（续 17）

图 8-6 四层电梯梯形图(续18)

任务 2　四层电梯 PLC 控制系统的安装与调试

一、电气接线

根据表 8-3 和表 8-4,将输入/输出设备(接近开关、按钮、接触器等)与 PLC 的输入/输出接口接好。

二、输入程序

参照"1.2　入门演练"任务 1 中的安装调试步骤 1～5 步,将设计好的程序输入编程软件,并写入 PLC 的存储器中。

三、程序调试

电梯在各层分别设置一个接近开关,在轿厢内设置 4 个楼层内选按钮。在接近开关 SQ1、SQ2、SQ3、SQ4 都断开的情况下,呼叫不起作用。启动 PLC,调试电梯的运行过程如下。

1. 从一层到二、三、四层

接通 X012 即接通 SQ1,表示轿厢原停楼层为一层,按 SB2、SB3、SB4 按钮,即 X000、X001、X002 接通一下,表示呼叫楼层为二、三、四层,则 Y010、Y006、Y007 接通,二层内选指示灯 SEL2、三层内选指示灯 SEL3、四层内选指示灯 SEL4 亮,Y005 接通,表示电梯上升。断开 SQ1,一层指示灯 L1 亮,过 2 s 后,一层指示灯 L1 灭、二层指示灯 L2 亮,过 2 s 后,二层指示灯 L2 灭、三层指示灯 L3 亮。SQ3 闭合后,三层指示灯 L3 灭、三层内选指示灯 SEL3 灭;SQ3 断开后,三层指示灯 L3 亮。过 2 s 后,三层指示灯 L3 灭、四层指示灯 L4 亮。直至 SQ4 接通,Y006 断开(四层内选指示灯 SEL4 灭),Y004 断开(表示电梯下降停止),四层指示灯 L4 灭,电梯到达四层。

在轿厢原停楼层为一层时,按 U2、U3、D4 按钮,电梯运行过程同上。

若从一层到上面的其中某一层或某两层时,只要对应楼层的呼梯按钮进行调试即可。

其他楼层上行控制调试可参考以上过程。

2. 四层到三、二、一层

接通 X015 即接通 SQ4,表示轿厢原停楼层为四层,按 SB1、SB2、SB3 按钮,即 X001、X002、X003 接通一下,表示呼梯楼层为一、二、三,则 Y007、Y010、Y011 接通,一层内选指示灯 SEL1、二层内选指示灯 SEL2、三层内选指示灯 SEL3 亮,Y004 接通,表示电梯下降。断开 SQ4,四层指示灯 L4 亮,过 2 s 后,四层指示灯 L4 灭、三层指示灯 L3 亮;SQ3 闭合后,三层指示灯 L3 灭、三层内选指示灯 SEL3 灭;SQ3 断开后,三层指示灯 L3 亮,过 2 s 后,三层指示灯 L3 灭、二层指示灯 L2 亮。SQ2 闭合后,二层指示灯 L2 灭、二层内选指示灯 SEL2 灭,SQ2 断开后,二层指示灯 L2 亮,过 2 s 后,二层指示灯 L2 灭、一层指示灯 L1 亮。直至 SQ1 接通,Y011 断开(1 层内选指示灯 SEL1 灭),Y004 断开(表示电梯下降停止),一层指示灯 L1 灭,电梯到达一层。

在轿厢原停楼层为四层时,按 U1、D2、D3 按钮,电梯运行过程同上。

若从四层到下面的其中某一层或某两层时,只要对应楼层的呼梯按钮进行调试即可。

其他楼层下行控制调试可参考以上过程。

8.4　举一反三

任务　三层电梯 PLC 控制系统设计

根据前面学习的相关知识,参考四层电梯的 PLC 控制,研究下面控制系统的设计。

控制要求:电梯由安装在各楼层厅门口的上行和下行呼梯按钮进行呼叫操作,其操作内容为电梯运行方向;电梯轿厢内设有楼层内选按钮 SB1 ~ SB3,用以选择需停靠的楼层;L1 为一层指示灯,L2 为二层指示灯,L3 为三层指示灯,SQ1 ~ SQ3 为到位行程开关;电梯上行途中只响应上行呼叫,下行途中只响应下行呼叫,任何反方向的呼叫均无效;其他要求可参考四层电梯 PLC 控制的要求。

参 考 文 献

[1] 周文煜,苏国辉.PLC综合应用技术[M].北京:机械工业出版社,2012.

[2] 陈红康,王兆晶.设备电器控制与PLC技术[M].济南:山东大学出版社,2006.

[3] 童泽.PLC职业技能教程[M].北京:电子工业出版社,2011.

[4] 于永芳,郑仲民.检测技术[M].北京:机械工业出版社,2003.

[5] 梁森,王侃夫,黄杭美.自动检测与转换技术[M].3版.北京:机械工业出版社,2013.

[6] 史宜巧,孙业明,景绍学.PLC技术及应用项目教程[M].北京:机械工业出版社,2009.

[7] 刘丽.传感器与自动检测技术[M].北京:中国铁道出版社,2012.

[8] 周惠文.可编程控制器原理与应用[M].北京:电子工业出版社,2007.

[9] 蔡崧.传感器与PLC编程技术基础[M].2版.北京:电子工业出版社,2008.

[10] 三菱电机株式会社.变频器原理与应用教程[M].北京:国防工业出版社,1998.

[11] 陈丽.PLC控制系统编程与实现[M].北京:中国铁道出版社,2010.

[12] 王烈准.电气控制与PLC应用技术[M].北京:机械工业出版社,2010.

[13] 初航.三菱FX系列PLC编程及应用[M].北京:电子工业出版社,2011.

[14] 张文明,姚庆文.可编程控制器及网络控制技术[M].北京:中国铁道出版社,2012.

[15] 宋雪臣,单振清.传感器与检测技术[M].北京:人民邮电出版社,2012.

[16] 陈杰,黄鸿.传感器与检测技术[M].北京:高等教育出版社,2002.

[17] 张文明,姚庆文.可编程控制器及网络控制技术[M].北京:中国铁道出版社,2012.

[18] 吴卫荣.传感器与PLC技术[M].北京:中国轻工业出版社,2006.